安全生产管理实务系列丛书

工贸行业粉尘爆炸事故典型案例分析

彭知军　陈天航　编著

中国石化出版社

内 容 提 要

本书收集了国内公开的、信息较为完整的工贸行业粉尘爆炸事故案例共计 32 项。全书按照《工贸行业重点可燃性粉尘目录(2015 版)》进行了分类整理,主要有金属制品加工(镁粉)、金属制品加工(铝粉)、金属制品加工(其他金属)、农副产品加工、木制品/纸制品加工、纺织品加工、橡胶和塑料制品加工、冶金/有色/建材行业煤粉制备、其他等;事故案例覆盖较为全面,并最大限度地保留了事故案例的主要信息,同时着重介绍了防范建议,对于提高工贸行业的基本安全意识、防止爆炸事件的发生、促进人民安全生产生活具有较强的社会价值和可参考性。

本书主要适用于与粉尘安全有关的研究人员、企业专业技术人员、大中院校学生等。

图书在版编目(CIP)数据

工贸行业粉尘爆炸事故典型案例分析 / 彭知军,陈天航编著 .—北京 : 中国石化出版社,2022.4
ISBN 978-7-5114-6627-3

Ⅰ. ①工… Ⅱ. ①彭… ②陈… Ⅲ. ①工业企业-粉尘爆炸-案例-事故分析 Ⅳ. ①X932

中国版本图书馆 CIP 数据核字(2022)第 051431 号

中国石化出版社出版发行
地址:北京市东城区安定门外大街 58 号
邮编:100011　电话:(010)57512500
发行部电话:(010)57512575
http://www. sinopec-press. com
E-mail:press@ sinopec. com
北京艾普海德印刷有限公司印刷
全国各地新华书店经销
＊
710×1000 毫米 16 开本 13.5 印张 202 千字
2022 年 6 月第 1 版　2022 年 6 月第 1 次印刷
定价:58.00 元

《安全生产管理实务系列丛书》
编 委 会

主 任：

彭知军(华润(集团)有限公司)

许开军(湖北建科国际工程有限公司)

副 主 任：

陈天航(EHS 综合管理专家)

王祖灿(深圳市燃气集团股份有限公司)

执行主任：

李雪超(中裕能源控股有限公司)

秘 书 长：

伍荣璋(长沙华润燃气有限公司)

委 员：

邓长群(常州市安佑注册安全工程师事务所有限公司)

李 旭(天伦燃气控股有限公司)

李 烨(中广核燃气有限公司)

林 洋(深圳英辰能源互联科技有限公司)

王凯旋(中国安全生产科学研究院)

王立法(青岛西海岸市政工程有限公司)

王梓航(山东省西干线天然气有限公司)

邢广厂(北京电子工程总体研究所)

徐吉锋(华润(集团)有限公司)

张 鑫(北京市应急管理科学技术研究院)

张景钢(应急管理大学(筹))

张亚辉(上海悦达新实业集团有限公司)

法律顾问:

陈新松(阳光时代律师事务所)

《工贸行业粉尘爆炸事故典型案例分析》
编 写 组

主　　编：

彭知军(华润(集团)有限公司)

陈天航(EHS综合管理专家)

副　主　编：

刘建忠(青岛西海岸市政工程有限公司)

徐吉锋(华润(集团)有限公司)

编写组成员：

邓长群(常州市安佑注册安全工程师事务所有限公司)

伍荣璋(长沙华润燃气有限公司)

许国兵(南通吉泰安全技术服务有限公司)

前言（代序）

我 2003 年参加工作时，第一个岗位是燃气公司安全员，算是和安全生产管理结下了缘分，还有幸参加了职业健康安全管理体系培训，负责推进所在公司的体系建设工作；做了近两年的安全员，之后又历经了燃气工程、运行、技术和管理等相关岗位，这些工作都和安全生产紧密相关。2020 年 4 月有一个内部招聘机会，同年 8 月我转到华润集团总部从事安全生产管理工作，有幸又回到了安全生产管理专职岗位。这促使我对安全生产有关的内容有更多关注、学习和思考。

在 2016 年参加安全评价师培训和考试时，我较为系统地学习了粉尘爆炸的有关知识，记得考试最后一道大题就是关于粉尘爆炸的分析题。之后陆陆续续收集了一些关于粉尘爆炸和防爆的资料。此之前，2014 年 8 月 2 日 7 时 34 分，位于江苏省苏州市昆山市昆山经济技术开发区的昆山某金属制品有限公司抛光二车间发生特别重大铝粉尘爆炸事故，当天造成 75 人死亡、185 人受伤。依照《生产安全事故报告和调查处理条例》规定的事故发生后 30 日报告期，共有 97 人死亡、163 人受伤（事故报告期后，经全力抢救医治无效陆续死亡 49 人，尚有 95 名伤员在医院治疗，病情基本稳定。数据截至 2014 年底），直接经济损失 3.51 亿元。

自该起事故之后，各级政府对粉尘爆炸治理非常重视，经常性开展专项治理工作。我认真学习了 2020 年 4 月发布的《全国安全生产专项整治三年行动计划》（安委〔2020〕3 号），在危险化学品安全整治、工业园区等功能区安全整治、危险废物等安全整治的专项整治实施方案中都强调了要强化粉尘爆炸治理。

一个偶然的机会，了解到一起时间更为久远的特别重大工业粉尘爆炸事故——1987年3月15日黑龙江省哈尔滨亚麻厂亚麻粉尘爆炸事故，死亡58人，受伤182人。我搜寻了相关资料，把《中国青年报》(2014年08月13日，12版)的冰点特稿第933期《爆炸》(作者陈璇)读了好几遍，为事故中的受害者感到心痛。又搜索了与该起事故相关的论文、报告文学，以及《烈火丹心：我亲历的哈尔滨亚麻纺织厂粉尘爆炸事故》(沈克俭，北京：中国纺织出版社，2015)，眼前浮现出那痛彻人心的事故场面……

我还查阅了一些国外的网站和资料，买来了一本《粉尘爆炸》(J. 克罗斯 D. 法勒，项云林译，北京：化学工业出版社，1993)，算是进行了较为系统的学习。

继而，有了一个想法，联系一些同仁收集粉尘爆炸事故汇编成一本册子，让更多的人知晓粉尘爆炸的危害，并采取措施去预防，减少事故悲剧的发生。由于各种原因，还有很多事故未能查询到较为完整的调查报告，未能收录到这本小册子，欢迎读者提供更多信息和资料，不断完善和丰富事故案例汇编。以史为鉴，对多数从事相关工作的人来说，看事故案例是一种最直接的学习方式。

在此期间，我们发现了国内一个"粉尘爆炸研究数字化平台"，是沈阳一家环保安全科技公司建立的，其"爆炸事故数据库"更新至2016年就未有更新了，着实可惜了。

限于作者的水平，本书对粉尘爆炸理论没有过多篇幅进行着墨，读者可以从其他专业书籍获取。另外，后续我们还想按照粉尘分类来编写一些更为具体的内容。

如果有合适的机会，我们想建立一个公开的粉尘爆炸和防爆的数据库，也欢迎志同道合的人士一起来做。安全发展需要更多人的努力，也符合党和国家的一贯要求。

在此，还要对事故信息记录或登载的单位、网站，以及提供帮助的同行们表示感谢！还要感谢本书编委会和编写组的同仁们！

血和泪水形成的经验教训，应该被时刻铭记。

彭知军

2022年4月

CONTENTS **目录**

第一章 概 述

第一节 粉尘爆炸及预防

一、粉尘爆炸

（一）粉尘爆炸的产生

凡是呈细粉状态的固体物质均称为粉尘。现主要有以下物质的粉尘具有爆炸性：金属（如镁粉、铝粉）、煤炭、粮食（如小麦粉、淀粉）、饲料（如血粉、鱼粉）、农副产品（如棉花、烟草）、林产品（如纸粉、木粉）、合成材料（如塑料、染料）。某些厂矿生产过程中产生的粉尘，特别是一些有机物加工中产生的粉尘，在某些特定条件下会发生爆炸燃烧事故。

粉尘的爆炸可视为由以下三步发展形成的：第一步是悬浮的粉尘在热源作用下迅速地干馏或气化产生可燃气体；第二步是可燃气体与空气混合而燃烧；第三步是粉尘燃烧放出的热量，以热传导和火焰辐射的方式传给附近悬浮的或被吹扬起来的粉尘，这些粉尘受热汽化后使燃烧循环地进行下去。随着每个循环的逐次进行，其反应速度逐渐加快，通过剧烈的燃烧，最后形成爆炸。这种爆炸反应以及爆炸火焰速度、爆炸波速度等将持续加快，爆炸压力将持续升高，并呈跳跃式的发展。

（二）工业粉尘爆炸

工业粉尘爆炸亦不例外，但是要真正发生爆炸还需要若干个充分条件，例如，粉尘与空气均匀混合形成粉尘云，粉尘浓度达到爆炸极限，足够的氧浓度，点燃源具备足够的温度（或能量），且处于相对密闭的空间等，所以行业中有时也有粉尘爆炸"五要素"甚至"六要素"等的说法，其本质是一样的。

首先，粉尘本身是可燃粉尘。可燃粉尘分有机粉尘和无机粉尘两类。有机粉尘如面粉、木粉、化学纤维粉尘等，无机粉尘包括金属粉尘和一部分矿物性粉尘（如煤、硫等）。最常见的可燃粉尘有煤粉尘、玉米粉尘、土豆粉尘、

铝粉尘、锌粉尘、镁粉尘、硫黄粉尘等。

其次，粉尘必须悬浮在助燃气体(如空气中)，并混合达到粉尘的浓度爆炸极限。粉尘在助燃气体中悬浮是由于粉碎、研磨、输送、通风等机械作用造成的。大粒径的粉尘一般沉降为只有燃烧能力的沉积粉尘，只有小粒径的粉尘才能在助燃气体中悬浮。同时，爆炸粉尘的危险性由浓度爆炸极限下限来表示，一般为 $20 \sim 60 g/m^3$，低于这个浓度，难以形成持续燃烧，更谈不上爆炸。

最后，有足以引起粉尘爆炸的点火源。粉尘具有较小的自燃点和最小点火能量，只要外界的能量超过最小点火能量(多在 $10 \sim 100 mJ$)或温度超过其自燃点(多在 $400 \sim 500 ℃$)就会爆炸。此外，易产生静电的设备未能妥善接地或电气及其配线连接处产生火花，尤其是粉碎机的进料未经筛选，致使铁等金属物混入，产生碰撞性火星，皆可引发粉尘爆炸。

二、粉尘爆炸主要危害

(一) 具有极强的破坏性

粉尘爆炸涉及的范围很广，煤炭、化工、医药加工、木材加工、粮食和饲料加工等企业/行业都时有发生。如 1952 ~ 1979 年间，日本发生各类粉尘爆炸事故 209 起，伤亡共 546 人，其中以粉碎制粉工程和吸尘分离工程较突出，各为 46 起。联邦德国 1965 ~ 1980 年发生各类粉尘爆炸事故 768 起，其中较严重的是木粉及木制品粉尘和粮食饲料爆炸事故，分别占 32% 和 25%。据统计，我国每年发生粉尘爆炸的频率为：局部爆炸 150 ~ 300 次、系统爆炸 1 ~ 3 次，且呈增长趋势。我国发生的这些粉尘爆炸尤其是系统爆炸，造成了严重损失，仅 1987 年哈尔滨亚麻厂粉尘爆炸事故，死亡 58 人，轻重伤 177 人，直接经济损失 882 万元。

(二) 容易产生二次爆炸

第一次爆炸气浪把沉积在设备或地面上的粉尘吹扬起来，在爆炸后的短时间内爆炸中心区会形成负压，周围的新鲜空气便由外向内填补进来，形成所谓的"返回风"，与扬起的粉尘混合，在第一次爆炸的余火引燃下引起第二次爆炸。二次爆炸时，粉尘浓度一般比一次爆炸时高得多，故二次爆炸威力比第一次要大得多。例如，某硫黄粉厂磨碎机内部发生爆炸，爆炸波沿气体管道从磨碎机扩散到旋风分离器，在旋风分离器发生了二次爆炸，爆炸波通过爆炸后在旋风分离器上产生的裂口传播到车间中，扬起了沉降在建筑物和工艺设备上的硫黄粉尘，又发生了爆炸。

（三）能产生有毒气体

一种是一氧化碳，另一种是爆炸物（如塑料）自身分解的毒性气体。毒气的产生往往造成爆炸过后的大量人畜中毒伤亡，必须充分重视。

三、粉尘爆炸预防措施

粉尘爆炸防护措施分为两类：一类是预防性措施，即通过控制和消除爆炸事故发生的条件，以减少或避免爆炸事故的发生；另一类是防护性措施，即通过控制爆炸破坏力的形成，以减轻粉尘爆炸事故的后果，即损失的严重程度。

（一）预防性措施

预防粉尘爆炸的关键即消除"点火源""可燃性粉尘""氧化剂"中一个或多个要素。根据粉尘爆炸的要素，有些条件在生产中难以消除，而上面提到的三个条件是可以控制的。

1. 消除点火源

粉尘爆炸必须有足够的点火能量，因此通过对点火源的预防，可以有效地防止粉尘爆炸事故的发生。点火源分为可预见点火源和不可预见点火源。其中焊接火焰、烟头、明火等为可预见的点火源，这些点火源易于通过安全管理消除。如凡是产生可燃性粉尘的场所，均应列为禁火区，控制非生产性明火的使用，制定动火作业制度，并严格执行。

不可预见的点火源有机械火花、热表面、静电、电气火花等，是预防粉尘爆炸的重中之重。预防电气火花的产生主要是通过定期检查电气设备，防止其线路老化、短路。或者选用粉尘防爆电气设备，替代一些易发生故障的设备设施。控制静电的产生和电荷积聚的有效途径是依照 GB 12158《防止静电事故通用导则》标准，进行生产工艺的防静电设计，对工艺流程中材料的选择、装备安装和操作管理等过程采取预防措施。

另外，在有条件的生产加工车间，可以安装火花探测和熄灭系统。这种系统通常安装在除尘管道上，在探测到点火源后，用适量的水雾或其他惰性介质将火花熄灭。江苏昆山"8·2"特别重大爆炸事故，是一起典型除尘系统的粉尘未及时清扫，粉尘浓度达到爆炸极限，遇到铝粉受潮，发生氧化还原反应，引发除尘系统及车间的系列爆炸。

大量的粉尘爆炸事故发生在维护和清理期间，常常在设备不运作时工艺

规程含糊不清，维修人员也经常忽略停车期间残留粉尘产生的危险。此时应注意选择正确的工具，不可以使用在维修时产生冲击或摩擦起火花的工具。2010年2月24日秦皇岛某淀粉厂爆炸事故，淀粉车间4名工人在清理和维修振动筛时，使用铁质工具，作业中撞击引发的机械火花，引燃了处于爆炸浓度范围的玉米淀粉粉尘云，继而引发整个车间内积累的粉尘层二次爆炸，产生毁灭性破坏。

2. 控制可燃性粉尘

只有当可燃性粉尘与空气混合达到爆炸极限浓度，才会有爆炸危险。在实际生产中，可尽量消除可燃性粉尘或合理控制空气中的粉尘浓度。采取的措施有：

首先，保障处理粉料的设备、容器和输送系统具有良好的密闭性能，尽可能防止粉尘从设备中泄漏。

其次，消除粉尘或缩小粉尘扩散范围，降低可燃粉尘的浓度。如安装有效的通风和除尘系统，加强通风排尘和抽风排尘。最后，防止粉尘在工作面、设备表面的堆积，采取正确的清扫方法。如可燃性粉尘车间宜采用负压清扫，禁止使用压缩空气清扫；清扫工具应当无火花、防静电和防扬尘。

3. 限制氧含量

限制氧含量的方法是依据惰性气体保护原理。惰化防爆是一种防爆技术措施，通过向可燃粉尘和空气混合物中人为加入一定量的惰化介质，如氮气、二氧化碳等，使混合物中的氧浓度或粉尘云浓度低于其不发生爆炸所允许的最大值。但是惰性防爆不利于工作人员的身体健康，一般使用在密闭条件好、内部无人作业的筒仓等设备中。

（二）防护性措施

预防技术用来完全消除粉尘爆炸的发生肯定是不可能的。因此必须对存在可燃性粉尘爆炸风险的任何场所采用粉尘爆炸保护技术，从而减少爆炸事故带来的严重损失。

1. 泄爆

泄爆是指在粉尘云发生爆炸初始及发展阶段，通过在包围体上人为开设泄压口的方法，将高温、高压燃烧产物和未燃物料朝安全方向泄放出去，使包围体本身及周围环境免遭破坏的一种爆炸防护技术。因成本低和易于实现等显著优点而得到广泛应用。但是泄压标准中泄压面积的计算方法只适用于单个的设备。

2. 隔爆

爆炸发生后，通过物理作用阻止爆炸传播的技术。目前广泛采用的是隔爆阀。为什么需要隔爆？爆炸泄压、爆炸抑制、抗爆设计用于保护单个的工艺设备。爆炸隔离可以防止爆炸在工艺系统中由初始爆炸的设备传播到其他设备，或由工艺系统传播到人员作业区域。绝大部分的灾难性的事故是爆炸在工艺系统中传播导致的，只有采取爆炸隔离措施才可以防止灾难性的爆炸事故。

3. 抑爆

爆炸抑制主要适用于不允许进行爆炸泄压的情况，爆炸抑制是在爆炸燃烧火焰发生显著加速的初期，通过喷洒抑爆剂的方法来抑制爆炸作用范围及猛烈程度，使设备内爆炸压力不超过其耐压强度，避免设备遭到损坏或人员伤亡的防爆技术。

4. 抗爆

在设备使用寿命期间，能够承受粉尘爆炸而不产生破坏。但设备成本昂贵，用于不适合爆炸泄压的场所，例如有毒性、腐蚀性粉尘、火炸药以及厂房内部。

第二节　粉尘爆炸事故统计

由于国内没有较为健全的粉尘爆炸事故数据库，一些事故信息难以查找，现场和重要信息已淹没在历史中，大量的事故详细经过、原因等不明，不利于后来者分析事故原因、吸取教训。

笔者对收集的信息较为完整的 41 个粉尘爆炸事故进行了统计分析，其中：金属粉尘爆炸事故 18 个(镁粉爆炸 6 个、铝粉爆炸 9 个、其他金属粉尘爆炸 3 个)，农副产品粉尘爆炸事故 4 个，木制品粉尘爆炸事故 7 个，纺织品粉尘爆炸事故 2 个，橡胶粉尘爆炸事故 1 个，有色金属粉尘爆炸事故 1 个，其他粉尘爆炸事故 8 个(图 1-1)。

根据 GB 25285.1《爆炸性环境爆炸预防和防护　第 1 部分：基本原则和方法》，点燃源可分为 13 种，常见的点燃源有机械火花、高温表面、明火、电气设备、静

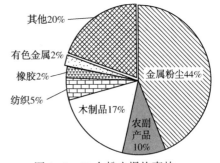

图 1-1　41 个粉尘爆炸事故
分类占比情况

电等,在本书的点火源统计中,机械摩擦、切割焊接、静电是引起事故最多的点燃源,而电气设备、静电释放引起的点燃事故比例较低,如表1-1所示。

表1-1　粉尘爆炸事故点燃源统计

粉尘种类 ＼ 点燃源	机械摩擦	表面高温	切割焊接	电气	静电	明火	自燃	不明	合计
镁粉	1		1		2	1	1		6
铝粉	1	2	2	2			2		9
其他金属	1	1						1	3
农副产品	1	1	1		1				4
木制品	3		3	1					7
纺织	1							1	2
橡胶	1								1
水泥	1								1
其他	2		3	1	2				8
合计	12	4	10	4	5	1	3	2	41

(一) 点燃源

通过对粉尘爆炸事故点燃源统计可以发现,机械摩擦和切割焊接所引发的粉尘爆炸案例更多,这主要是机械设备的摩擦碰撞以及动火作业时会产生火花,当粉尘达到爆炸极限时,极易引发爆炸事故,这就提醒各类相关企业在机械设备运行时注意防粉尘聚集,同时切割焊接等动火作业时尤其要注意对作业环境的监测。

静电引发的粉尘爆炸事故同样比重较大,达到5起,分别位于迁安(河北)、邢台(河北)、淄博(山东)、天津、南京。除南京外,事故发生地全部位于北方,且多为冬季,这就提醒气候干燥的北方各类相关企业注意静电聚集带来的风险,尤其要注意冬季对静电的及时疏导,防止静电聚集。

(二) 可燃性粉尘

以金属粉尘为例,如铝粉、镁粉等大量存在于机械加工行业、冶炼行业。在机械加工过程中,对金属表面的打磨、研磨、切割等工序大量产生金属粉尘,并同时产生高温的金属颗粒,机械火花的温度可达1200℃,而焊割火花更高达2000～3000℃,而金属粉尘的点燃温度通常在360～600℃,这些火花足以引燃各类金属粉尘。因此,金属行业大量使用的火焰切割、火焰焊接也是常见的事故原因。

第三节　主要粉尘防爆标准规范辨识清单

本书对现行主要粉尘防爆标准规范进行了辨识，形成以下清单（截至2021年9月）。

序号	标准编号	标准名称	发布部门	实施日期	状态
1	AQ 4228—2012	木材加工系统粉尘防爆安全规范	原国家安全生产监督管理总局	2013年3月1日	现行
2	AQ 4229—2013	粮食立筒仓粉尘防爆安全规范	原国家安全生产监督管理总局	2013年10月1日	现行
3	AQ 4230—2013	粮食平房仓粉尘防爆安全规范	原国家安全生产监督管理总局	2013年10月1日	现行
4	AQ 4232—2013	塑料生产系统粉尘防爆规范	原国家安全生产监督管理总局	2013年10月1日	现行
5	AQ 4272—2016	铝镁制品机械加工粉尘防爆安全技术规范	原国家安全生产监督管理总局	2017年3月1日	现行
6	AQ 4273—2016	粉尘爆炸危险场所用除尘系统安全技术规范	原国家安全生产监督管理总局	2017年3月1日	现行
7	GB 15577—2018	粉尘防爆安全规程	国家市场监督管理总局	2019年6月1日	现行
8	GB/T 15604—2008	粉尘防爆术语	国家质量监督检验检疫总局	2009年10月1日	现行
9	GB/T 15605—2008	粉尘爆炸泄压指南	国家质量监督检验检疫总局 国家标准化管理委员会	2009年10月1日	现行
10	GB/T 17919—2008	粉尘爆炸危险场所用收尘器防爆导则	国家质量监督检验检疫总局 国家标准化管理委员会	2009年10月1日	现行
11	GB 17269—2003	铝镁粉加工粉尘防爆安全规程	国家质量监督检验检疫总局	2003年11月1日	现行
12	GB 17440—2008	粮食加工、储运系统粉尘防爆安全规程	国家质量监督检验检疫总局	2009年10月1日	现行

续表

序号	标准编号	标准名称	发布部门	实施日期	状态
13	GB 17918—2008	港口散粮装卸系统粉尘防爆安全规程	国家质量监督检验检疫总局	2009 年 10 月 1 日	现行
14	GB 18245—2000	烟草加工系统粉尘防爆安全规程	国家质量技术监督局	2001 年 5 月 1 日	现行
15	GB 19081—2008	饲料加工系统粉尘防爆安全规程	国家质量监督检验检疫总局	2009 年 10 月 1 日	现行
16	GB 19881—2005	亚麻纤维加工系统粉尘防爆安全规程	国家质量监督检验检疫总局	2006 年 7 月 1 日	现行
17	GB 32276—2015	纺织工业粉尘防爆安全规程	国家质量监督检验检疫总局	2017 年 1 月 1 日	现行
18	GB 12476.1—2013	可燃性粉尘环境用电气设备 第1部分：通用要求	国家质量监督检验检疫总局	2014 年 11 月 14 日	现行
19	GB/T 12476.3—2017	可燃性粉尘环境用电气设备 第3部分：存在或可能存在可燃性粉尘的场所分类	国家质量监督检验检疫总局	2018 年 7 月 1 日	现行
20	GB 12476.4—2010	可燃性粉尘环境用电气设备 第4部分：本质安全型"iD"	国家质量监督检验检疫总局	2011 年 8 月 1 日	现行
21	GB 12476.5—2013	可燃性粉尘环境用电气设备 第5部分：外壳保护型"tD"	国家质量监督检验检疫总局	2014 年 11 月 14 日	现行
22	GB 12476.6—2010	可燃性粉尘环境用电气设备 第6部分：浇封保护型"mD"	国家质量监督检验检疫总局	2011 年 8 月 1 日	现行
23	GB 12476.7—2010	可燃性粉尘环境用电气设备 第7部分：正压保护型"pD"	国家质量监督检验检疫总局	2011 年 8 月 1 日	现行
24	JB/T 10352—2015	YFB2 系列粉尘防爆型三相异步电动机(机座号 63~355)技术条件	工业和信息化部	2016 年 3 月 1 日	现行
25	JB/T 10836—2008	可燃性粉尘环境用电气设备用外壳和限制表面温度保护的电气设备粉尘防爆照明开关	国家发展和改革委员会	2008 年 7 月 1 日	现行

序号	标准编号	标准名称	发布部门	实施日期	状态
26	JB/T 10847—2008	可燃性粉尘环境用电气设备用外壳和限制表面温度保护的电气设备　粉尘防爆插接装置	国家发展和改革委员会	2008年7月1日	现行
27	JB/T 11625—2013	可燃性粉尘环境用电气设备用外壳和限制表面温度保护的粉尘防爆操作柱	工业和信息化部	2014年7月1日	现行
28	JB/T 11626—2013	可燃性粉尘环境用电气设备用外壳和限制表面温度保护的电气设备粉尘防爆照明（动力)配电箱	工业和信息化部	2014年7月1日	现行

　　为推动工贸企业落实粉尘防爆安全主体责任，规范加强安全监管执法，预防和减少粉尘爆炸事故，应急管理部于2021年8月发布了《工贸企业粉尘防爆安全规定》(应急管理部令 第6号)，该规定已于2021年9月1日起施行。

第二章 金属制品加工（镁粉）

案例 1   河北省唐山市某镁粉公司"11·12"爆炸事故❶

2013 年 11 月 12 日，河北省唐山市某镁粉有限公司（以下简称某镁粉公司）制粉车间 2 号生产线发生一起因工人违章作业、安全生产管理不到位而引发的粉尘爆炸事故，造成 1 人死亡、2 人受伤，直接经济损失 60 万元（人民币，下同）。

一、事故单位概况

某镁粉公司有 2 条雾化镁粉生产线，主要生产雾化球型镁粉，成品为雾化镁粉，年设计能力 1200t。设置安全部、生产部（分为混配班组、筛分班组、制粉班组）、设备部、综合办公室，配备专职安全生产管理人员 2 人。

二、事故发生经过和事故救援情况

2013 年 11 月 11 日 2 时 10 分左右，某镁粉公司制粉车间主任丁某华发现 2 号生产线雾化电机在生产过程中出现负压冷却水故障，不能正常运转，立即将情况上报至生产副总经理刘某青、总经理刘某铭，并请示停车检修，更换雾化电机。2 时 20 分左右，2 号生产线开始停产、降温，做检修准备工作。11 月 12 日 8 时 5 分左右，副总经理宁某臣带领制粉车间操作工段某方、孔某雨来到制粉车间 2 号生产线三楼，准备对雾化罐内残留镁粉进行清扫，更换雾化电机。8 时 12 分左右，在确认 2 号生产线熔镁炉温度已经降至 150℃左右，符合温度降至 350℃以下进行密闭扫罐规定后，宁某臣等 3 人开始对车间地面和空气进行加湿处理。11 时 40 分左右，宁某臣、孔某雨和段某方三人一起将雾化罐东北侧人孔门盖（φ600）打开，对人孔门盖内侧进行加湿。12 时 35

<hr>

❶ 来源：安全管理网。

分左右，加湿工作完成后，宁某臣将雾化罐东北侧、西南侧的两个人孔门盖全部打开，继续对雾化罐内部进行加湿。14 时 30 分左右，宁某臣关掉加湿器，穿戴好防静电头套、防静电服，站在东北侧方向的人孔处，用防静电毛刷对雾化罐内竖壁进行清扫。孔某雨在人孔的左侧，段某方在人孔的右侧，配合宁某臣进行清扫作业。15 时 40 分左右，总经理刘某铭到 2 号生产线察看工作情况，发现雾化罐两个人孔门盖已全部打开，宁某臣正在清扫雾化罐内竖壁。刘某铭当即责令宁某臣停止扫罐，将人孔门盖关闭，对雾化罐充氩气，进行置换处理，随后刘某铭前往 3 号生产线寻找清扫及充气用工具。其间，宁某臣未按照总经理刘某铭的要求停止扫罐。15 时 55 分，宁某臣站在东北侧人孔门外清扫雾化罐内顶时，雾化罐内突然发生爆炸，爆炸冲击波冲开车间的泄爆墙，并致站在人孔门处的宁某臣从车间三层（距一楼地面 7m）坠落至一楼水泥地面上，孔某雨和段某方受轻微伤。事故发生后，副总经理王某林迅速赶到事故现场并拨打了 120 急救电话。16 时 20 分，经医护人员确认宁某臣已经死亡。

三、事故原因

（一）事故单位工艺流程简要说明

将原料镁锭去除包装后（视氧化情况用抛光机清理后）送入加料器内，通过加料器把镁锭送入熔镁炉内，然后系统抽真空，通入氩气保护，采用电加热方式熔化镁锭。溶化后的镁液通过管道送到雾化罐中的雾化器，雾化器高速旋转将镁液甩出，然后循环氩气将其粉碎成雾状，并迅速冷却凝固成球状粉末，再由循环氩气将镁粉带出至各个分离口，然后按不同粒度进入各自换热器、布袋受粉器，分离出的氩气则通过加压风机至雾化罐内循环使用，分离出的镁粉送到自动装料储罐，超细粉需气相包裹。然后在筛分间将雾化镁粉分成不同规格的产品，最后根据客户要求混配、称量，包装入库。

（二）镁粉理化特性

镁粉是银白色有金属光泽的粉末，分子式 Mg，活泼金属，遇湿易燃，具刺激性，吸入可引起咳嗽、胸痛等。燃烧时产生强烈的白光并放出高热。遇水或潮气猛烈反应放出氢气，大量放热，引起燃烧或爆炸。粉体与空气可形成爆炸性混合物，当达到一定浓度时，遇火星会发生爆炸。引燃温度 550℃，爆炸下限（V%）：44～59g/m³，最小点火能 40mJ。主要用途：用作还原剂、制闪光粉、铅合金，冶金中用作去硫剂，此外用于有机合成、照明剂等。

（三）本次镁粉爆炸事故影响范围模拟分析

1. 镁粉罐 $\phi 2.8 \times 1.4$，求体积：$1.4 \times 1.4 \times 3.14 \times 1.4 = 8.6 m^3$

2. 镁粉的爆炸下限 $59 g/m^3$，参与爆炸的镁粉量为：$59 \times 8.6 = 506.35 g$

镁粉的燃烧热为：$609.7 kJ/mol = 12.683 kJ/kg$

参与爆炸镁粉的总能量为：$12.638 \times 0.506 = 6.395 kJ$

将爆破能量换算成 TNT 当量：$6.395/4500 = 0.00142$

求出爆炸的模拟比 a：$a = (q/q_0)^{1/3} = (0.00142/1000)^{1/3} = 0.011$

求出：

轻微损伤 $0.467 \sim 0.616 m$

听觉器官损伤或骨折 $0.357 \sim 0.467 m$

内脏严重损伤或死亡 $0.245 \sim 0.357 m$

大部分人员死亡 $0.245 m$ 以内

由此可知，本次爆炸为罐内爆炸，能量从人孔导出，将正对的宁某臣从三层楼面抛出坠亡；而在宁某臣两侧的孔某雨、段某方受伤。

（四）直接原因

负责制粉车间 2 号生产线雾化罐清扫工作的宁某臣只穿戴防静电头套、防静电服，未穿防静电鞋，擅自打开雾化罐上两个人孔盖，未执行公司"雾化罐清扫过程中，清扫人员必须穿戴防静电服、防静电鞋，必须在氩气保护下，密闭清扫罐内残留镁粉"规定，造成静电积聚在罐体中无法释放，引发粉尘爆炸。

（五）间接原因

1. 某镁粉公司安全管理不到位。在 2 号生产线停产检修工作中，安全管理人员未认真履行安全监管责任，对作业现场违章行为没有及时发现和有效制止。总经理刘某铭发现宁某臣违章作业的行为后，虽提出"加氩气进行置换"的指令，但没有采取更加果断的措施进行有效制止，没有履行其安全生产管理职责。

2. 某镁粉公司安全教育培训不到位。作业人员安全意识淡薄，未认真执行公司检修制度，对作业现场可能存在的危险因素认识不足，自我防范意识差。

3. 某镁粉公司停产检修制度不健全、不落实。未制定检修工作具体的实施方案，未制定和采取具体的安全措施，未进行检修作业前的安全教育和安全交底，准备工作不充分，公司制定的清扫雾化罐的有关安全制度不落实。

四、责任认定及责任者处理的建议

（一）免于追究责任人员

宁某臣，副总经理，负责公司安全、技术、质量工作。安全意识淡薄，违章作业，对此起事故的发生负有直接责任，鉴于其在该起事故中已经死亡，不再追究责任。

（二）公司内部处理人员

1. 孔某雨，制粉车间操作工，违章作业，对事故的发生负有直接责任。建议由某镁粉公司按照内部有关规定对其进行处理。

2. 段某方，制粉车间操作工，违章作业，对事故的发生负有直接责任。建议由某镁粉公司按照内部有关规定对其进行处理。

3. 丁某华，制粉车间主任，负责制粉车间的全面工作，安全管理和教育培训不到位，对事故发生负有直接管理责任。建议由某镁粉公司按照内部有关规定对其进行处理。

4. 郭某芹，安全部安全员，负责公司的安全生产督导检查工作，安全生产督导检查不到位，对事故的发生负有直接监管责任。建议由某镁粉公司按照内部有关规定对其进行处理。

5. 张某，安全部安全主管，负责公司安全生产管理工作，安全管理和教育培训不到位，对事故的发生负有监管责任。建议由某镁粉公司按照内部有关规定对其进行处理。

（三）给予行政处罚人员

刘某铭，总经理，负责公司全面工作。安全管理不到位，对此起事故的发生负有主要管理责任。建议责令其写出深刻的书面检查，报市安监局备案。依据《生产安全事故报告和调查处理条例》第三十八条第一项之规定，建议由市安全生产监督管理部门对其处2012年年收入30%的经济处罚。

（四）对事故责任单位的行政处罚

某镁粉公司未依法履行安全生产主体责任，企业规章检修作业制度不健全、不落实，职工安全意识淡薄，违章作业。现场作业安全管理责任不落实，对作业人员安全培训教育不到位，未严格要求作业人员落实相关操作规程。依据《生产安全事故报告和调查处理条例》第三十七条第一项之规定，建议由市安监局给予某镁粉公司处15万元(人民币，下同，如无特殊说明)的经济处罚。

五、防范建议

1. 组织开展全面的安全生产隐患排查，对查出的事故隐患，要做到"整改责任人、时限、资金、措施、预案"五落实，确保整改到位。安全生产隐患排查工作要做到全覆盖、严要求、重实效，促进本质安全水平的提升。

2. 强化职工安全教育培训，提高从业人员专业素质和安全意识，杜绝违章作业行为。要强化对企业主要负责人、安全管理人员、职工的安全知识、安全技能的培训教育和应急处置能力培训，完善各类应急预案并定期演练，确保从业人员掌握必备的安全生产知识和操作技能，掌握相应的防范措施、应急处置措施和安全操作规程。

3. 加强对检维修工作的组织领导，成立专门组织，明确责任任务，领导靠前指挥，重点加以防控。每次检修作业都要制定完善、科学、安全、可靠的检维修方案，进行检修前的安全教育和安全交底，并设专人监管，做好检维修作业的组织管理、统筹协调和安全监管，制定并落实好检维修过程的应急预案。

案例2　江苏省靖江市某食品公司"7·21"燃爆事故❶

2018年7月21日，江苏省靖江市某食品有限公司(以下简称某食品公司)已出租厂房内发生一起事故，承租人刘某在组织安装一台旧砂带机过程中，磨光机打磨作业引起砂带机罩壳内原先积聚的铝镁粉尘急剧燃烧喷出，造成4人重伤，医疗(含护理)费用108.5万元，其他未确定的直接经济损失包括：补助及救济费用、歇工工资、事故罚款和赔偿费用。

一、事故单位概况

(一) 事故单位基本情况和厂房出租情况

某食品公司经营范围：食品制造、加工、销售。2018年7月6日，刘某与某食品公司协商，约定租用某食品公司东侧一楼约400m²的厂房，租金每年4.4万元。7月14日，刘某以个人名义与某食品公司法定代表人朱某签订厂房租赁合同(合同中未明确厂房用途，也未详细明确双方的安全生产权利与义务)，并于7月16日支付了2万元定金。

---

❶ 来源：靖江市人民政府官方网站。

（二）事故设备情况

旧砂带机原属昆山某机械有限公司，主要用于打磨铝镁合金制品。2018年6月8日，昆山市巴城镇在安全生产监督检查中要求该单位关停，相关生产设备停用搁置。刘某于2018年7月以2.5万元的价格向昆山某机械有限公司法定代表人易某购买其停用设备，其中包括发生事故的旧砂带机。

二、事故发生经过和事故救援情况

（一）事故发生经过

2018年7月21日上午，刘某组织范某奇、常某和、侯某清、曹某松4人在承租厂房内安装相关设备设施，侯某清、曹某松接三丙聚丙烯管（PPR，polypropylene random），范某奇、常某和安装设备。刘某安排常某和割除砂带机底部的两个焊脚，10时30分左右，常某和用手持式电动磨光机尝试对焊脚进行磨削，砂轮片打磨产生的火花溅入了砂带机罩壳，引起罩壳内原先积聚的铝镁粉尘急剧燃烧并喷出，处于危险区域的刘某、常某和、侯某清、曹某松4人被烧伤。

（二）应急处置和事故报告情况

事故发生后，现场人员立即拨打120急救电话，4名受伤人员被送至市人民医院进行救治，市人民医院急救中心诊断后认为伤情比较严重，随即将4名伤者转送无锡市第三人民医院，并同时向靖江市安监局报告。

接到事故报告后，市委市政府高度重视，明确西来镇做好善后处置工作。西来镇政府为4名伤者垫付了90万元医疗费用。

三、事故原因

（一）直接原因

刘某对所从事工作存在的安全风险认识不足，安装二手砂带机前既未先清理罩壳内的涉爆金属粉尘，安排常某和进行动火作业时，又未对作业火花采取隔离措施，导致火花溅入砂带机罩壳引起铝镁粉尘急剧燃烧。

（二）间接原因

1. 刘某不具备粉尘涉爆方面相应的安全生产知识和管理能力，作业场所不具备 GB 15577《粉尘防爆安全规程》和 AQ 4272《铝镁制品机械加工粉尘防爆安全技术规范》规定的安全生产条件。

2. 某食品公司在出租厂房前未详尽了解租赁用途及其安全风险，出租后未履行对承租者安全生产协调、管理和检查的法定义务。

四、责任认定及责任者处理的建议

1. 刘某不具备粉尘涉爆方面相应的安全生产知识和管理能力，作业场所不具备 GB 15577《粉尘防爆安全规程》和 AQ 4272《铝镁制品机械加工粉尘防爆安全技术规范》规定的安全生产条件，在未充分了解作业风险的情况下，未落实相关防范措施，盲目组织作业，导致事故发生，对事故负有直接责任，建议由公安机关立案查处。

2. 某食品公司厂房出租后未履行安全生产协调、管理和检查义务，对事故负有责任，建议安全生产监督管理部门依据安全生产法律法规的规定，对某食品公司进行行政处罚。

五、防范建议

1. 认真吸取事故教训，提高安全生产意识，将闲置厂房或生产设备设施租赁时，应对承租方安全生产条件严格审核，切实履行对承租方安全生产的协调、管理和检查义务。

2. 开展事故警示教育，举一反三，对"寄居型"小作坊、小工厂开展排查，做到无死角、无遗漏；加强对涉及较大危险因素的工贸企业的监管，强化安全生产双重预防机制。

3. 推动涉爆粉尘领域专项整治工作，持续开展粉尘涉爆企业摸排，加大整治力度，对不具备安全生产条件的涉爆粉尘企业坚决关停。

案例 3 北京市某大学实验室"12·26"爆炸事故❶

2018 年 12 月 26 日，北京市某大学市政与环境工程实验室(以下简称环境实验室)发生一起爆炸燃烧责任事故，造成 3 人死亡。

一、事故单位概况

(一)事故现场情况

事故现场位于北京市某大学东校区东教 2 号楼。该建筑为砖混结构，中间两层为环境实验室，东西两侧三层为电教教室(内部与环境实验室不连通)。环境实验室一层由西向东依次为模型室、综合实验室(西南侧与模型室连通)、

---

❶ 来源：北京市应急管理局(北京煤矿安全监察局)官方网站。

微生物实验室、药品室、大型仪器平台；二层由西向东分别为水质工程学Ⅱ、水质工程学Ⅰ、流体力学、环境监测实验室；一层南侧设有5个南向出入口；一、二层由东、西两个楼梯间连接；一层模型室和综合实验室南墙外码放9个集装箱(建筑布局详见图2-1)。

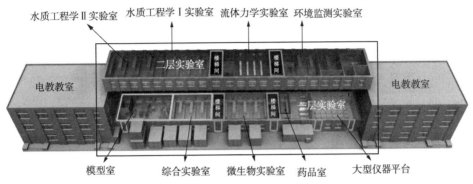

图 2-1 北京市某大学环境实验室示意图

(二) 事发项目情况

事发项目为北京市某大学垃圾渗滤液污水处理横向科研项目，由北京市某大学所属北京市某大学创新科技中心和北京某环保科技有限公司合作开展，目的是制作垃圾渗滤液硝化载体。该项目由北京市某大学土木建筑工程学院市政与环境工程系教授李某生申请立项，经学校批准，并由李某生负责实施。

2018年11月至12月期间，李某生与北京某环保科技有限公司签订技术合作协议；北京市某大学创新科技中心和北京某环保科技有限公司签订销售合同，约定15天内制作2m³垃圾渗滤液硝化载体。北京某环保科技有限公司按照与李某生的约定，从河南新乡县某镁业有限公司购买30桶镁粉(1t易制爆危险化学品)，并通过互联网购买项目所需的搅拌机(饲料搅拌机)。李某生从天津市某化工厂购买了项目所需的6桶磷酸(0.21t危险化学品)和6袋过硫酸钠(0.2t危险化学品)以及其他材料。

垃圾渗滤液硝化载体制作流程分为两步：第一步，通过搅拌镁粉和磷酸反应，生成镁与磷酸镁的混合物；第二步，在镁与磷酸镁的混合物内加入镍粉等其他化学物质生成胶状物，并将胶状物制成圆形颗粒后晾干。

(三) 实验室和危险化学品管理情况

1. 实验室管理情况。北京市某大学对校内实验室实行学校、学院、实验

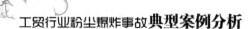

室三级管理，学校层级的管理部门为国资处、保卫处、科技处等；学校设立实验室安全工作领导小组，领导小组办公室设在国资处。发生事故的环境实验室隶属于北京市某大学土木建筑工程学院，学院层级管理部门为土木建筑工程学院实验中心，日常具体管理为环境实验室。

2. 危险化学品管理情况。北京市某大学保卫处是学校安全工作的主管部门，负责各学院危险化学品、易制爆危险化学品等购置(赠予)申请的审批、报批，以及实验室危险化学品的入口管理；国资处负责监管实验室危险化学品、易制爆危险化学品的储存、领用及使用的安全管理情况；科技处负责对涉及危险化学品等危险因素科研项目风险评估；学院负责本院实验室危险化学品、易制爆危险化学品等危险物品的购置、储存、使用与处置的日常管理。事发前，李某生违规将试验所需镁粉、磷酸、过硫酸钠等危险化学品存放在一层模型室和综合实验室，且未按规定向学院登记。

事发后经核查，土木建筑工程学院登记科研用危险化学品现有存量为160.09L和30.23kg，未登记易制爆危险化学品；登记本科教学用危险化学品现有存量43.5L和8.68kg，未登记易制爆危险化学品。

二、事故发生经过和事故救援情况

（一）事故发生经过

2018年2月至11月期间，李某生先后开展垃圾渗滤液硝化载体相关试验50余次。11月30日，事发项目所用镁粉运送至环境实验室，存放于综合实验室西北侧；12月14日，磷酸和过硫酸钠运送至环境实验室，存放于模型室东北侧；12月17日，搅拌机被运送至环境实验室，放置于模型室北侧中部。

12月23日12时18分至17时23分，李某生带领刘某辉、刘某轶、胡某翠等7名学生在模型室地面上，对镁粉和磷酸进行搅拌反应，未达到试验目的。

12月24日14时09分至18时22分，李某生带领上述7名学生尝试使用搅拌机对镁粉和磷酸进行搅拌，生成了镁与磷酸镁的混合物。因第一次搅拌过程中搅拌机料斗内镁粉粉尘向外扬出，李某生安排学生用实验室工作服封盖搅拌机顶部活动盖板处缝隙。当天消耗3~4桶(每桶约33kg)镁粉。

12月25日12时42分至18时2分，李某生带领其中6名学生将24日生成的混合物加入其他化学成分混合后，制成圆形颗粒，并放置在一层综合实验室实验台上晾干。其间，两桶镁粉被搬运至模型室。

12月26日上午9时许，刘某辉、刘某轶、胡某翠等6名学生按照李某生安排陆续进入实验室，准备重复24日下午的操作。经视频监控录像反映：当日9时27分45秒，刘某辉、刘某轶、胡某翠进入一层模型室；9时33分21秒，模型室内出现强烈闪光；9时33分25秒，模型室内再次出现强烈闪光，并伴有大量火焰，随即视频监控中断。

事故发生后，爆炸及爆炸引发的燃烧造成一层模型室、综合实验室和二层水质工程学Ⅰ、Ⅱ实验室受损。其中，一层模型室受损程度最重。模型室外(南侧)邻近放置的集装箱均不同程度过火。

（二）应急救援情况

2018年12月26日9时33分，市消防总队119指挥中心接到北京市某大学东校区东教2号楼发生爆炸起火的报警。报警人称现场实验室内有镁粉等物质，并有人员被困。119指挥中心接警后，共调集11个消防救援站、38辆消防车、280余名指战员赶赴现场处置。

9时43分，西直门、双榆树消防站先后到场。经侦查，实验室爆炸起火并引燃室内物品，现场有3名学生失联，实验室内存放大量镁粉。现场指挥员第一时间组织两个搜救组分别从东西两侧楼梯间出入口进入建筑内搜救被困人员，并成立两个灭火组设置保护阵地堵截实验室东西两侧蔓延火势。9时50分，搜救组在模型室与综合实验室连接门东侧1~2m处发现第一具尸体，抬到西侧楼梯间。随后，陆续在模型室的中间部位发现第二具尸体，在模型室与综合实验室连接门西侧约1m处发现第三具尸体。

救援过程中，实验室内存放的镁粉等化学品连续发生爆炸，现场指挥部进行安全评估后，下达了搜救组人员全部撤出的命令。同时，在实验室南北两侧各设置4个保护阵地，使用沙土、压缩空气干泡沫对实验室内部进行灭火降温，并在外围控制火势向二楼蔓延。11时45分，现场排除复燃复爆危险后，救援人员进入建筑内部开展搜索清理，抬出三具尸体移交医疗部门，并用沙土、压缩空气干泡沫清理现场残火。18时，现场清理完毕，双榆树消防站留守现场看护，其余消防救援力量返回。

三、事故原因

（一）直接原因

1. 排除人为故意因素。公安机关对涉事相关人员和各种矛盾的情况进行了全面排查，并对死者周边亲友、老师、同学进行了走访，结合事故现场勘察、相关视频资料分析，以及尸检报告、爆炸燃烧形成痕迹等，排除了人为故意纵火和制造爆炸案件的嫌疑。

2. 确定爆炸中心位置。经勘察，爆炸现场位于一层模型室，该房间东西长 12.5m、南北宽 8.5m、高 3.9m。事故发生后，模型室内东北部(距东墙 4.7m、距北墙 2.9m)发现一台金属材质搅拌机，其料斗安装于金属架上。搅拌机料斗顶部的活动盖板呈鼓起状，抛落于搅拌机东侧地面，出料口上方料斗外壁有明显物质喷溅和灼烧痕迹。搅拌机料斗顶部的活动盖板与固定盖板连接的金属铰链被爆炸冲击波拉断。上述情况表明：爆炸中心位于搅拌机处，爆炸首先发生于搅拌机料斗内。

3. 爆炸物质分析。通过理论分析和实验验证，磷酸与镁粉混合会发生剧烈反应并释放出大量氢气和热量。氢气属于易燃易爆气体，爆炸极限范围为 4%~76%(V/V)，最小点火能 0.02mJ，爆炸火焰温度超过 1400℃。

因搅拌、反应过程中只有部分镁粉参与反应，料斗内仍剩余大量镁粉。镁粉属于爆炸性金属粉尘，遇点火源会发生爆炸，爆炸火焰温度超过 2000℃。

据模型室视频监控录像显示，9 时 33 分 21 秒至 25 秒之间室内出现两次强光；第一次强光光线颜色发白，符合氢气爆炸特征；第二次强光光线颜色泛红，符合镁粉爆炸特征。综上所述，爆炸物质是搅拌机料斗内的氢气和镁粉。

4. 点火源分析。经勘察，料斗内转轴盖片通过螺栓与转轴固定，搅拌机转轴旋转时，转轴盖片随转轴同步旋转，并与固定的转轴护筒(以上均为铁质材料)接触发生较剧烈摩擦。运转一定时间后，转轴盖片上形成较深沟槽，沟槽形成的间隙可使转轴盖片与转轴护筒之间发生碰撞，摩擦与碰撞产生的火花引发搅拌机内氢气发生爆炸。

5. 爆炸过程分析。搅拌过程中，搅拌机料斗内上部形成了氢气、镁粉、空气的气固两相混合区；料斗下部形成了镁粉、磷酸镁、氧化镁(镁与水反应产物)等物质的混合物搅拌区。

转轴盖片与护筒摩擦、碰撞产生的火花，点燃了料斗内上部氢气和空气的混合物并发生爆炸(第一次爆炸)，爆炸冲击波超压作用到搅拌机上部盖板，使活动盖板的铰链被拉断，并使活动盖板向东侧飞出。同时，冲击波将搅拌机料斗内的镁粉裹挟到搅拌机上方空间，形成镁粉粉尘云并发生爆炸(第二次爆炸)。爆炸产生的冲击波和高温火焰迅速向搅拌机四周传播，并引燃其他可燃物。

专家组对提取的物证、书证、证人证言、鉴定结论、勘验笔录、视频资料进行系统分析和深入研究，结合爆炸燃烧模拟结果，确认事故直接原因为：在使用搅拌机对镁粉和磷酸搅拌、反应过程中，料斗内产生的氢气被搅拌机转轴处金属摩擦、碰撞产生的火花点燃爆炸，继而引发镁粉粉尘云爆炸，爆炸引起周边镁粉和其他可燃物燃烧，造成现场3名学生烧死。

（二）间接原因

违规开展试验、冒险作业；违规购买、违法储存危险化学品；对实验室和科研项目安全管理不到位是导致该起事故的间接原因。

一是事发科研项目负责人违规试验、作业；违规购买、违法储存危险化学品；违反《北京市某大学实验室技术安全管理办法》等规定，未采取有效安全防护措施；未告知试验的危险性，明知危险仍冒险作业。事发实验室管理人员未落实校内实验室相关管理制度；未有效履行实验室安全巡视职责，未有效制止事发项目负责人违规使用实验室，未发现违法储存的危险化学品。

二是北京市某大学土木建筑工程学院对实验室安全工作重视程度不够；未发现违规购买、违法储存易制爆危险化学品的行为；未对申报的横向科研项目开展风险评估；未按学校要求开展实验室安全自查；在事发实验室主任岗位空缺期间，未按规定安排实验室安全责任人并进行必要培训。土木建筑工程学院下设的实验中心未按规定开展实验室安全检查、对实验室存放的危险化学品底数不清，报送失实；对违规使用教学实验室开展试验的行为，未及时查验、有效制止并上报。

三是北京市某大学未能建立有效的实验室安全常态化监管机制；未发现事发科研项目负责人违规购买危险化学品，并运送至校内的行为；对土木建筑工程学院购买、储存、使用危险化学品、易制爆危险化学品情况底数不清、监管不到位；实验室日常安全管理责任落实不到位，未能通过检查发现土木建筑工程学院相关违规行为；未对事发科研项目开展安全风险评估；未落实《教育部2017年实验室安全现场检查发现问题整改通知书》有关要求。

四、责任认定及责任者处理的建议

（一）建议追究刑事责任的人员

1. 李某生作为事发科研项目负责人，违规使用教学实验室；违规使用未经备案的校外设备；违规购买、违法储存危险化学品；违反《北京市某大学实验室技术安全管理办法》等规定，未采取有效的安全防护措施；未告知参与制作垃圾渗滤液硝化载体人员所使用化学原料的配比和危险性，未到现场指导学生制作，明知危险仍冒险作业，对事故发生负有直接责任。由公安机关立案侦查，依法追究其刑事责任。

2. 张某作为事发实验室管理人员，未落实《北京市某大学土木工程实验中心实验室安全管理规范》等实验室管理制度；未有效履行实验室安全巡视职责，未有效制止李德生违规使用实验室，未发现违法储存的危险化学品，对事故发生负有直接管理责任。由公安机关立案侦查，依法追究其刑事责任。

（二）给予问责处理的人员和单位

1. 对 11 名管理人员根据其承担的管理责任，分别给予诫勉问责、警告、记过、免职处分、降低岗位等级等处分。

2. 北京市某大学土木建筑工程学院党委，对所属实验室安全工作重视不够，落实学校各项制度规定不力，对学院老师李某生违规使用实验室、储存使用易制爆危险化学品等问题失察失管，对事故发生及造成的严重影响负全面领导责任。依据《教育部党组贯彻落实〈中国共产党问责条例〉实施办法（试行）》第十五条之规定，对北京市某大学土木建筑工程学院党委进行问责，责令整改，并在全校范围内通报。

3. 此外，对于调查中发现的北京某环保科技有限公司等有关企业购买、运输危险化学品的违法线索，由公安机关、交通部门另行立案处理。

五、防范建议

1. 深刻吸取事故教训，全面排查各类安全隐患和安全管理薄弱环节，加强实验室、科研项目和危险化学品的监督检查，采取有针对性的整改措施，着力解决当前存在的突出问题。

一是全方位加强实验室安全管理。完善实验室管理制度，实现分级分类管理，加大实验室基础建设投入；明确各实验室开展试验的范围、人员及审批权限，严格落实实验室使用登记相关制度；结合实验室安全管理实际，配备具有相应专业能力和工作经验的人员负责实验室安全管理。

二是全过程强化科研项目安全管理。健全学校科研项目安全管理各项措施，建立完备的科研项目安全风险评估体系，对科研项目涉及的安全内容进行实质性审核；对科研项目试验所需的危险化学品、仪器器材和试验场地进行备案审查，并采取必要的安全防护措施。

三是全覆盖管控危险化学品。建立集中统一的危险化学品全过程管理平台，加强对危险化学品购买、运输、储存、使用管理；严控校内运输环节，坚决杜绝不具备资质的危险品运输车辆进入校园；设立符合安全条件的危险化学品储存场所，建立危险化学品集中使用制度，严肃查处违规储存危险化学品的行为；开展有针对性的危险化学品安全培训和应急演练。

2. 北京地区各高校要深刻吸取事故教训，举一反三，认真落实北京普通高校实验室危险化学品安全管理规范，切实履行安全管理主体责任，全面开展实验室安全隐患排查整改，明确实验室安全管理工作规则，进一步健全和完善安全管理工作制度，加强人员培训，明确安全管理责任，严格落实各项安全管理措施，坚决防止此类事故发生。

涉及学校实验室危险化学品安全管理的教育及其他有关部门和属地政府，按照工作职责督促学校使用危险化学品安全管理主体责任的落实，持续开展学校实验室危险化学品安全专项整治，摸清危险化学品底数，加强对涉及学校实验室危险化学品、易制爆危险化学品采购、运输、储存、使用、保管、废弃物处置的监管，将学校实验室危险化学品安全管理纳入平安校园建设。

案例4　辽宁省营口市某镁铝合金公司"6·23"爆炸事故❶

2018年6月23日，辽宁省营口市某镁铝合金有限公司(以下简称某镁铝合金公司)厂区发生一起爆炸事故，造成1人死亡，周边企业厂房财产不同程度受损。

一、事故单位概况

某镁铝合金公司成立于2000年，经营范围：生产铝镁合金、铝型材、活塞、模具、有色金属配件加工、经营货物及技术出口；技术咨询及服务；房屋租赁、机电设备生产、销售。2012年投产高性能宽幅镁合金薄板项目，主要生产热轧中厚板、冷轧薄卷板、薄带材、板带材、镁合金蚀刻板、雕刻板、冲锻手机壳、笔记本电脑壳毛坯件、汽车旋压轮毂等产品。

2018年5月17日该公司上报经济开发区环境保护与安监局停产通知，该局于5月17日给该公司下发《关于加强停产期间安全管理工作的通知》。

---

❶ 来源：营口市应急管理局官方网站。

二、事故发生经过和事故救援情况

（一）事故发生经过

该公司日常生产用砂光机加工镁合金板材时产生镁合金水洗屑，用25kg的编织袋盛装堆放在门卫北侧车棚内。车棚上部有彩钢板防雨棚，西部靠马路一侧有彩钢板防雨墙。2018年5月该公司由于资金问题停产，停产时大约有袋装镁屑2~3t，分两层堆放在车棚内。5月17日该公司上报经济开发区环境保护与安监局停产通知，留守部分工人进行安全和设施维护检查工作。6月22日，有3名打更工人分别在门卫、东门和库房内值班，事故发生前没有发现异常。23日2时50分左右，厂区内发生爆炸，工人关某华听到爆炸后，拨打119，并向法定代表人周某龄打电话报告。

（二）事故应急救援

6月23日3时01分老边区消防大队接到报警电话，出动14辆消防车52名指战员，3时06分到达现场，发现爆炸厂区彩板房和不明粉尘起火燃烧，北部相邻厂区彩板房和木材起火燃烧，4时08分将明火扑灭。中海油某公司值班人员3时40分对某镁铝合金公司周边上下游天然气管道阀门进行关闭；3时51分完成该公司周边管道阀门关闭；4时完成该段管道天然气放散。经济开发区派出所值班人员也第一时间到达事故现场，并通知老边公安局组织人员现场警戒。营口市副市长王某骄、市安监局负责人、老边区委书记等领导也相继到达事故现场，指导救援和应急处置工作。经现场搜救发现，门卫打更工人梁某军被埋压在倒塌墙体下，救出后经救护人员确认其已死亡。

（三）事故调查鉴定情况

1. 经鉴定，爆炸点车棚彩钢板防雨墙残留彩钢板主要含有镁(Mg)元素。

2. 营口燃气公司组织对某镁铝合金公司厂区外中海油某公司天然气管道进行气密性压力检测，试验压力达到0.12MPa，稳压1h后试验压力仍为0.12MPa。

3. 某镁铝合金公司所使用的天然气流量计计量事故发生前后为147m^3，经技术分析，2018年6月23日2时0分至3时0分累计气量18m^3，2时时刻之前瞬时流量为0。3时时刻瞬时流量为101.56m^3/h，如按该瞬时流量推算，累计气量18m^3应需计量时间约10.6min。即在2时50分左右流量计管道有气体流动仪表开始计量。3时0分至5时0分累计气量129m^3，3时时刻瞬时流量为101.56m^3/h，4时时刻瞬时流量为97.44m^3/h。5时时刻瞬时流量为

0m³/h，4 时时刻到 5 时时刻共计累积气量 27m³。按 4 时时刻瞬时流量 97.44m³/h 推算，27m³ 体积流量计应需计量时间约 16.6min。即流量计停止计量在 4 时 16 分左右。

4. 营口地区 6 月 23 日 2 时气温 24℃，西南风 2m/s；3 时气温 24.1℃，西南风 2.9m/s。6 月 19 日降水量 5.2mm，20 日至 24 日降水量均为 0。

5. 经专家组现场勘察技术分析，事故初始爆炸点位于某镁铝合金公司门卫北侧车棚内，爆炸原因系车棚内堆放的镁屑受潮发热自燃，反应产生氢气，达到爆炸浓度极限，发生了初始爆炸；袋装的镁屑被崩起后，接连发生了燃烧、爆炸。

三、事故原因

（一）直接原因

某镁铝合金公司生产用砂光机加工镁合金板材时产生水洗镁屑，停产时大约有袋装镁屑 2~3t，分两层堆放在车棚内，由于堆放时间较长，袋中镁屑被风干。风干后的镁屑受潮发热自燃，反应产生氢气，达到爆炸浓度极限，发生了初始爆炸。袋装的镁屑被崩起后，接连发生了燃烧、爆炸。

（二）间接原因

某镁铝合金公司安全生产主体责任落实不到位，安全意识不强，没有及时清理生产废料，造成大量镁屑堆积在车棚内，导致事故发生。

四、责任认定及责任者处理的建议

1. 某镁铝合金公司法定代表人周某龄未认真履行安全生产管理职责，安全管理不到位，安全意识不强。在该起事故中负有责任，建议由安监部门对其进行行政处罚。是否构成犯罪，移交司法机关依法调查处理。

2. 某镁铝合金公司安全生产主体责任落实不到位，安全意识不强，没有及时清理生产废料，造成大量镁屑堆积在车棚内，导致爆炸事故发生。在该起事故中负有责任，建议由安监部门对其进行行政处罚。

五、防范建议

1. 进一步加强落实企业主体责任，建立全员岗位责任制。加强企业危害辨识、风险评估和风险管控工作。进一步加强对从业人员安全生产知识和操作规程教育培训，确保从业人员熟知有关的安全生产规章制度和安全操作规程，防止发生生产安全事故。

2. 开展安全生产监督检查，严格落实企业主体责任，督促企业建立全员岗位责任制。加强停产企业安全生产监管工作，进一步推进安全风险管控和隐患排查机制工作，杜绝类似事故发生。

3. 各行业监管部门要深刻吸取事故教训，举一反三，认真组织开展安全生产大检查，深入重点行业领域开展隐患排查，坚决遏制各类生产安全事故发生。

案例 5　广东省东莞市某五金制品公司"10·30"爆炸事故❶

2019 年 10 月 30 日，广东省东莞市某五金制品有限公司(以下简称东莞某五金公司)内发生一起因未采取有效措施及时妥善处置铝镁金属粉尘废弃物而引发金属粉尘爆炸事故，造成 1 人受伤，后经救治无效于 2019 年 11 月 26 日死亡。事故调查报告公布时，由于事故相关方与死者王某来的家属就赔偿补偿问题仍未达成协议，该起事故直接经济损失暂统计为 16.48 万元，主要包括该起爆炸事故引发的火灾引起过火面积约为 100m²、烧损部分建筑结构、设备及物品一批。

一、事故单位概况

东莞某五金公司经营范围为五金制品加工。起火建筑为一栋钢筋混凝土三层结构，占地面积约 120m²，其南侧搭建有一层约 80m² 的铁皮房。经调查，自 2017 年 10 月至事故发生当日，该建筑及铁皮房一直为何某军所承租用作东莞某五金公司的生产经营场所。

二、事故发生经过和事故救援情况

（一）事故发生背景

2019 年 9 月 25 日，长安镇沙头社区安全办工作人员到东莞某五金公司进行现场检查，发现该公司违规生产经营且存在生产安全隐患，并劝其停工整改。

10 月 17 日，长安镇沙头社区安全办工作人员到该公司进行复查，发现该公司仍未整改，便劝东莞某五金公司的负责人何某军将金属抛光的机器设备全部拆去搬走，同时，对该公司作停电处理，并将封条贴在总电箱上。

---

❶ 来源：东莞市应急管理局官方网站。

10 月 25 日，何某军组织将公司内的机器设备基本拆卸搬迁完毕。长安镇沙头社区安全办工作人员再次到该公司进行现场检查，确认该公司已基本完成拆卸搬迁。

（二）事故发生经过

2019 年 10 月 30 日 12 时左右，沙头社区荣某五金制品厂员工陈某元听到废品回收人员王某来在东莞某五金公司南侧敲打铁皮的声音，查看发现王某来正在拆卸东莞某五金公司南侧集尘池上的铁皮。随后，陈某元便回厂准备休息，几分钟过后发现外面起火，王某来从水沟里爬出。

中午 12 时左右，陈某坤和治安队工作人员在沙头社区准备安装监控时，看到对面路的东莞某五金公司附近有浓烟冒出。随后，陈某坤等人一同驾驶摩托车前往其附近查看情况。

12 时 15 分左右，陈某坤等人到达现场，并确认起火的建筑为东莞某五金公司，屋内有烟雾冒出但没有明火。随后，陈某坤见到王某来从东莞某五金公司的工厂跑出，当时其身上只剩下内裤，皮肤大面积烧伤，意识有点模糊，嘴上说要找他哥。陈某坤等人走近询问其电话等信息，而王某来并没有回答。然后，治安员立即拨打 120。同时，陈某坤进入起火现场查看情况，看到现场内部的铁棚内有明火，但火焰很小，过了一段时间火焰便自行熄灭。陈某坤等人准备离开时，发现东莞某五金公司隔壁建筑冒出大量黑烟。12 时 34 分，陈某坤拨打了 119 火警电话，并进入起火建筑内简单查看了一下情况，发现屋内无人员和无明显火光，但有浓烟，随后便在门外等待消防人员前来救火。

（三）应急救援情况及评估

2019 年 10 月 30 日 12 时 34 分，东莞市消防支队长安大队接到报警。东莞市消防支队长安大队立即出动上沙分站两台消防车，8 名指战员到场处置。12 时 50 分，到达现场并将火灾扑灭。

在该起事故中，东莞市消防支队长安大队行动迅速，第一时间控制灾情，疏散周边群众，避免了事故的进一步扩大。另外，公安、应急等部门接报事故后，按照程序第一时间赶到事故现场了解并上报有关情况。

经评估，本次应急救援未造成二次事故及群体事件，处置及时得当。

三、事故原因

（一）直接原因

经勘验，认定起火点位于东莞市长安镇东莞某五金公司南侧附近。起火原因认定为废品回收人员王某来在东莞市长安镇东莞某五金公司南侧拆除废旧设备过程中，引起金属粉末爆燃。

（二）间接原因

1. 东莞某五金公司在起火建筑物内长期从事铝镁合金等金属打磨抛光工作并生成铝镁等金属粉尘，金属粉尘集尘池在工作过程中有水喷雾除尘、降温，但是停工搬迁后天气干燥，金属粉尘集尘池内无水，遇明火容易产生金属粉末爆燃。根据 AQ 4272《铝镁制品机械加工粉尘防爆安全技术规范》之 4.8 的强制性规定，粉尘爆炸环境危险区域应设置安全警示标志牌。东莞某五金公司未设置安全警示标志，未清理遗留粉尘，形成事故隐患，导致事故发生。

2. 王某来在东莞某五金公司南侧的集尘池附近拆除废旧设备，安全防范意识不足，对存在的事故隐患缺乏辨识能力，在隐患区域未采取防止发生摩擦、碰撞的措施，贸然进行拆除作业。

四、责任认定及责任者处理的建议

1. 东莞某五金公司，在停工搬迁后，将易燃易爆的金属粉尘遗留在南侧集尘池附近，未设置安全警示标志，形成事故隐患，对事故的发生负有责任。建议由应急管理部门依据有关规定对其实施行政处罚。

2. 王某来，在东莞某五金公司南侧的集尘池附近拆除废旧设备，安全防范意识不足，对存在的事故隐患缺乏辨识能力，在隐患区域未采取防止发生摩擦、碰撞的措施贸然进行拆除作业，对事故的发生负有责任。鉴于其已在事故中死亡，建议不再追究其责任。

3. 事故涉及其他法律责任，如其他当事方是否构成民事侵权等责任，建议当事各方通过其他法律途径解决。

五、防范建议

1. 生产经营单位要加强守法意识，自查自检，落实主体责任，强化企业管理，严格遵守法律法规，依法依规经营，依法依规处理金属粉尘。

2. 加大执法力度，强化源头管理，建立金属粉尘企业监管档案，对金属粉尘产生单位进行实时跟踪，对发现违反规定的企业，从严从重处理。

3. 加大金属粉尘企业处置工作的宣传力度，发挥群众的监督作用，深化安全生产法律法规的宣传，组织开展警示教育活动，提高企业守法意识。

第三章　金属制品加工（铝粉）

案例6　广西壮族自治区南宁市某铝业公司"1·4"爆炸事故❶

2020年1月4日，广西壮族自治区南宁市邕宁区某铝股份有限公司（以下简称某铝业公司）2号车间刷轮机维修作业时发生一起粉尘爆炸事故，造成2人受伤，直接经济损失约20万元。

一、事故单位概况

某铝业公司经营范围：金属制品的加工、销售；铝合金汽车车身、挂车、货箱总成和汽车底盘的研发、设计、制造、销售和进出口；汽车改装；航天、船舶、轨道、汽车、电子、电器等铝合金精密加工部件的研发、设计、制造、销售和进出口；金属表面处理及热加工；金属废料和碎屑加工处理；新能源动力电池用铝箔、铝板、铝带等各种用途铝合金材料的研发、设计、制造、销售和进出口铝制品包装纸、纸套筒的设计、加工及销售；装配式人行天桥、停车设备、移动式办公室、吸烟房、公测、工具房、通信基站等铝合金公共建筑产品的研发、设计、制造、维护、销售和进出口；铝合金门窗、建筑用铝合金应用、铝合金制品的研发、设计、制造、销售和进出口；建筑金属门窗工程专业承包、建筑幕墙工程专业承包、建筑装饰装修工程专业承包、钢结构工程专业承包、市政公用工程施工设计、建筑幕墙工程设计、建筑装饰工程设计、轻型钢结构工程设计；机械设备的设计和制造；铝合金材料、铝合金应用、铝合金建筑工程的研发和试验；铝及铝加工产品检测服务；裸车价新材料、技术推广服务；自营和代理一般经营项目商品和技术的进出口业务，许可经营项目商品和技术的进出口业务须获得国家专项审批后方可经营（国家限定公司经营或禁止进出口的商品和技术除外）；机械业务须取得国家

---

❶ 来源：南宁市邕宁区人民政府官方网站。

专项审批后方可经营(国家限定公司经营或禁止进出口的商品和技术除外);机械设备租赁;土地房屋的租赁;普通货运(具体项目以审批部门批准为准);装卸服务;餐饮服务(具体项目以审批部门批准为准);企业管理服务;物业管理;医疗服务(具体项目以审批部门批准的为准)。

二、事故发生经过和事故救援情况

2020 年 1 月 4 日,某铝业公司汽车组件事业部刷纹生产线安排 2 台刷纹机生产 CK124 系列产品进行生产,刷纹工李某聪与滕某作身穿防静电服和佩戴防尘口罩等劳保用品负责在 2 号刷纹机进行刷纹工作。13 时 20 分左右,2 号刷纹机操作员李某聪根据工艺需求对刷纹轮进行打磨,在打磨过程中抽尘器波纹管发生铝粉尘爆炸,造成刷纹操作人员李某聪、滕某作烧伤。

事故发生后,现场员工立即拨打了 120 电话,并上报公司领导,公司领导及相关管理人员第一时间赶到事故现场,指挥事故处理工作,安排车辆将伤者送至广西医科大学第一附属医院烧伤科治疗,同时疏散现场人员,组织员工扑灭火点,分析事故发生原因。

城区应急管理局接事故报告后,立即组织事故调查人员赶赴现场调查了解事故情况,指导事故善后处理工作。要求某铝业公司立即停止相关作业,全力排查和消除安全隐患,防止发生次生事故,做好善后工作。

事故现场示意图见图 3-1。

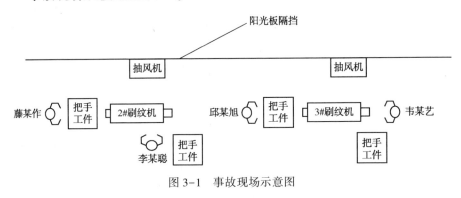

图 3-1 事故现场示意图

三、事故原因

某铝业公司刷纹生产线利用磨轮对铝板进行刷纹,刷纹过程中会产生铝粉,铝粉通过抽风机被抽入湿式集尘箱中,刷纹机和集尘箱通过波纹管连接,某铝业公司组件事业部家电工程部刷纹班未及时清理波纹管中的铝粉,致使铝粉堆积过多，刷纹操作工李某聪在利用铝板对刷纹轮进行打磨时产生火花，引燃在波纹管中堆积的铝粉发生粉尘爆炸。

四、相关单位及人员履职情况

1. 某铝业有限责任公司，事故发生后，事故调查组通过查阅档案现场视察对该公司安全生产履职情况进行检查，该公司已履行制定安全生产责任制、制定安全生产规章制度和刷纹操作规程、配备安全生产管理人员、制定本单位安全生产教育和培训计划、制定生产安全事故应急救援预案并开展演练。已建立安全生产事故隐患排查治理制度并进行记录。定期组织对包括两名伤者在内的刷纹班组进行安全教育培训。

2. 郑某林，某铝业公司主要负责人。郑某林按照规定积极落实本单位安全生产主体责任，组织制定安全生产责任制，建立健全各项规章制度、操作规程及生产安全事故应急救援预案，并要求公司严格执行。建立健全集团化的安全管理架构、安全运营监管中心、安全教育基地，不断加强安全知识宣传，强化安全责任法律意识，积极构架企业安全文化。

五、责任认定及责任者处理的建议

1. 某铝业公司汽车组件事业部家电工程部部长潘某伟，未认真履行安全生产法律法规规定的职责，督促、检查本单位的安全生产工作不到位，未及时排查生产安全事故隐患，对事故发生负有管理责任，建议由城区应急管理局依据相关法律法规对其进行行政处罚。

2. 某铝业公司汽车组件事业部，未按照规范进行铝制产品加工作业，现场粉尘未及时清理，对事故发生负有管理责任，建议由某铝业公司依据公司相关规定对其进行处理，并将处理情况报邕宁区应急管理部门备案。

六、防范建议

1. 吸取事故教训，举一反三，分析事故发生原因及应采取的预防措施，强化企业安全生产主体责任意识，要牢固树立"安全第一、预防为主、综合治理"的方针，建立健全各项安全生产制度并认真落实，要加强对作业现场的管理，严格落实各项安全防护措施，并及时做好作业场所粉尘的清理工作。同时，要加强对作业设备的安全评估，强化对员工的安全生产教育培训，督促员工严格执行各项规章制度，切实防止类似事故再次发生。

2. 切实落实安全生产的企业主体责任、部门监管责任，狠抓安全生产专项整治和隐患排查开展涉爆粉尘行业专项整治，借助相关专业力量参与涉爆粉尘企业隐患排查治理与整改，开展涉爆粉尘企业粉尘爆燃风险评估，落实隐患整改措施方案和粉尘爆燃风险评估分级管控要求。

3. 督促相关企业进行设备设施改造，定时规范清理粉尘，使用防爆电气设备，落实防雷、防静电等技术措施，加强对粉尘爆炸危险性的辨识和对职工粉尘防爆等安全知识的教育培训，建立健全粉尘防爆规章制度，严格执行安全操作规程和劳动防护制度。

案例 7　江苏省苏州市昆山某金属制品公司 "8·2"特别重大爆炸事故❶

2014 年 8 月 2 日，位于江苏省苏州市昆山市昆山经济技术开发区(以下简称昆山开发区)的昆山某金属制品有限公司(台商独资企业，以下简称某金属公司)抛光二车间(即 4 号厂房，以下简称事故车间)发生特别重大铝粉尘爆炸事故，事故发生当天造成 75 人死亡、185 人受伤。依照《生产安全事故报告和调查处理条例》规定的事故发生后 30 日报告期，共有 97 人死亡、163 人受伤(事故报告期后，经全力抢救医治无效陆续死亡 49 人，尚有 95 名伤员在医院治疗，病情基本稳定)，直接经济损失 3.51 亿元。

一、事故单位概况

(一)事故单位情况

1. 企业概况：某金属公司由中国台湾某工业股份有限公司通过子公司英属维京某国际有限公司在昆山开发区投资设立的台商独资企业，法人代表吴某滔(中国台湾人)、总经理林某昌(中国台湾人)，注册资本 880 万美元，总用地面积 34974.8m²，规划总建筑面积 33746.6m²，员工总数 527 人。该公司主要从事汽车零配件等五金件金属表面处理加工，主要生产工序是轮毂打磨、抛光、电镀等，设计年生产能力 50 万件。

2. 建设情况：该公司于 1998 年 8 月取得土地使用权和企业法人营业执照。同年 9 月开始一期建设(电镀车间、前处理车间、宿舍)。2002 年 5 月进行二期建设(2 个抛铜车间)。2004 年 6 月开始三期建设(4 个厂房、办公楼及毛坯检验区)，其中 4 号厂房为该起事故厂房，该厂房由江苏省淮安市某

---

❶ 来源：苏州市人民政府官方网站。

建筑设计研究院设计，江苏省涟水县某建筑安装工程公司承建，2005年投入使用。

（二）事故车间情况

1. 建筑情况：事故车间位于整个厂区的西南角，建筑面积2145m²，厂房南北长44.24m、东西宽24.24m，两层钢筋混凝土框架结构，层高4.5m，每层分3跨，每跨8m。屋顶为钢梁和彩钢板，四周墙体为砖墙。厂房南北两端各设置一部载重2t的货梯和连接二层的敞开式楼梯，每层北端设有男女卫生间，其余为生产区。一层设有通向室外的钢板推拉门（4m×4m）2个，地面为水泥地面，二层楼面为钢筋混凝土。

2. 工艺布局：事故车间为铝合金汽车轮毂打磨车间，共设计32条生产线，一、二层各16条，每条生产线设有12个工位，沿车间横向布置，总工位数384个。该车间生产工艺设计、布局与设备选型均由林某昌（某金属公司总经理）自己完成。

事故发生时，一层实际有生产线13条，二层16条，实际总工位数348个。打磨抛光均为人工作业，工具为手持式电动磨枪（根据不同光洁度要求，使用粗细不同规格的磨头或砂纸）。

3. 除尘系统：2006年3月，该车间一、二层共建设安装8套除尘系统。每个工位设置有吸尘罩，每4条生产线48个工位合用1套除尘系统，除尘器为机械振打袋式除尘器。2012年改造后，8套除尘系统的室外排放管全部连通，由一个主排放管排出。事故车间除尘设备与收尘管道、手动工具插座及其配电箱均未按规定采取接地措施。

除尘系统由昆山某机电环保设备有限公司总承包（设计、设备制造、施工安装及后续改造）。

4. 工作时间及人员配置：事故车间工作时间为早7时至晚7时，截至2014年7月31日，车间在册员工250人。

（三）事故发生时现场人员情况

现场共有员工265人，其中：车间打卡上班员工261人（含新入职人员12人）、本车间经理1人、临时到该车间工作人员3人。

二、事故发生经过和事故救援情况

（一）事故发生经过

2014年8月2日7时，事故车间员工上班。7时10分，除尘风机开启，

员工开始作业。7 时 34 分，1 号除尘器发生爆炸。爆炸冲击波沿除尘管道向车间传播，扬起的除尘系统内和车间集聚的铝粉尘发生系列爆炸。当场造成 47 人死亡、当天经送医院抢救无效死亡 28 人，185 人受伤，事故车间和车间内的生产设备被损毁。

（二）救援及现场处置情况

8 月 2 日 7 时 35 分，昆山市公安消防部门接到报警，立即启动应急预案，第一辆消防车于 8 分钟内抵达，先后调集 7 个中队、21 辆车辆、111 人，组织了 25 个小组赴现场救援。8 时 03 分，现场明火被扑灭，共救出被困人员 130 人。交通运输部门调度 8 辆公交车、3 辆卡车运送伤员至昆山各医院救治。环境保护部门立即关闭雨水总排口和工业废水总排口，防止消防废水排入外环境，并开展水体、大气应急监测。安全监管部门迅速检查事故车间内是否使用危险化学品，防范发生次生事故。

江苏省及苏州市人民政府接到报告后，立即启动了应急预案，省委书记罗某军、省长李某勇、省委副书记、苏州市委书记石某峰等同志迅速带领省、市有关领导及有关部门负责同志赶赴事故现场，及时成立现场指挥部，组织开展应急救援和伤员救治工作。苏州军分区、昆山人武部和解放军一〇〇医院等先后出动 120 余人投入事故救援和伤员救治工作。

（三）医疗救治和善后处理情况

地方党委政府及有关部门千方百计做好医疗救治、事故伤亡人员家属接待及安抚、遇难者身份确认和赔偿等工作，按照医疗救治、善后安抚两个"一对一"的要求，对遇难者家属、受伤人员及其家属分步骤进行了心理疏导，全力开展善后工作，保持了社会稳定。

卫生计生委高度重视事故现场医疗救助工作，面对伤员伤势严重、抢救任务十分艰巨的情况，克服困难，集中力量，调动各方医疗专家、器械、药品等，投入救治工作。

三、事故原因

（一）直接原因

事故车间除尘系统较长时间未按规定清理，铝粉尘集聚。除尘系统风机开启后，打磨过程产生的高温颗粒在集尘桶上方形成粉尘云。1 号除尘器集尘桶锈蚀破损，桶内铝粉受潮，发生氧化放热反应，达到粉尘云的引燃温度，引发除尘系统及车间的系列爆炸。

因没有泄爆装置，爆炸产生的高温气体和燃烧物瞬间经除尘管道从各吸尘口喷出，导致全车间所有工位操作人员直接受到爆炸冲击，造成群死群伤。

原因分析：

由于一系列违法违规行为，整个环境具备了粉尘爆炸的五要素，引发爆炸。粉尘爆炸的五要素包括：可燃粉尘、粉尘云、引火源、助燃物、空间受限。

1. 可燃粉尘：事故车间抛光轮毂产生的抛光铝粉，主要成分为88.3%的铝和10.2%的硅，抛光铝粉的粒径中位值为19μm，经实验测试，该粉尘为爆炸性粉尘，粉尘云引燃温度为500℃。事故车间、除尘系统未按规定清理，铝粉尘沉积。

2. 粉尘云：除尘系统风机启动后，每套除尘系统负责的4条生产线共48个工位抛光粉尘通过一条管道进入除尘器内，由滤袋捕集落入到集尘桶内，在除尘器灰斗和集尘桶上部空间形成爆炸性粉尘云。

3. 引火源：集尘桶内超细的抛光铝粉，在抛光过程中具有一定的初始温度，比表面积大，吸湿受潮，与水及铁锈发生放热反应。除尘风机开启后，在集尘桶上方形成一定的负压，加速了桶内铝粉的放热反应，温度升高达到粉尘云引燃温度。

（1）铝粉沉积：1号除尘器集尘桶未及时清理，估算沉积铝粉约20kg。

（2）吸湿受潮：事发前两天当地连续降雨；平均气温31℃，最高气温34℃，空气湿度最高达到97%；1号除尘器集尘桶底部锈蚀破损，桶内铝粉吸湿受潮。

（3）反应放热：根据现场条件，利用化学反应热力学理论，模拟计算集尘桶内抛光铝粉与水发生的放热反应，在抛光铝粉呈絮状堆积、散热条件差的条件下，可使集尘桶内的铝粉表层温度达到粉尘云引燃温度500℃。

桶底锈蚀产生的氧化铁和铝粉在前期放热反应触发下，可发生"铝热反应"，释放大量热量使体系的温度进一步增加。

放热反应方程式：

$$2Al+6H_2O=\!=\!=2Al(OH)_3+3H_2$$

$$4Al+3O_2=\!=\!=2Al_2O_3$$

$$2Al+Fe_2O_3=\!=\!=Al_2O_3+2Fe$$

4. 助燃物：在除尘器风机作用下，大量新鲜空气进入除尘器内，支持了爆炸发生。

5. 空间受限:除尘器本体为倒锥体钢壳结构,内部是有限空间,容积约 $8m^3$。

(二)管理原因

1. 某金属公司无视国家法律,违法违规组织项目建设和生产,是事故发生的主要原因。

(1)厂房设计与生产工艺布局违法违规。事故车间厂房原设计建设为戊类,而实际使用应为乙类,导致一层原设计泄爆面积不足,疏散楼梯未采用封闭楼梯间,贯通上下两层。事故车间生产工艺及布局未按规定规范设计,是由林某昌根据自己经验非规范设计的。生产线布置过密,作业工位排列拥挤,在每层 $1072.5m^2$ 车间内设置了 16 条生产线,在 13m 长的生产线上布置有 12 个工位,人员密集,有的生产线之间员工背靠背间距不到 1m,且通道中放置了轮毂,造成疏散通道不畅通,加重了人员伤害。

(2)除尘系统设计、制造、安装、改造违规。事故车间除尘系统改造委托无设计安装资质的昆山菱正机电环保设备公司设计、制造、施工安装。除尘器本体及管道未设置导除静电的接地装置、未按 GB/T 15605《粉尘爆炸泄压指南》要求设置泄爆装置,集尘器未设置防水防潮设施,集尘桶底部破损后未及时修复,外部潮湿空气渗入集尘桶内,造成铝粉受潮,产生氧化放热反应。

(3)车间铝粉尘集聚严重。事故现场吸尘罩大小为 500mm×200mm,轮毂中心距离吸尘罩 500mm,每个吸尘罩的风量为 $600m^3/h$,每套除尘系统总风量为 $28800m^3/h$,支管内平均风速为 20.8m/s。按照 GB 17269《铝镁粉加工粉尘防爆安全规程》规定的 23m/s 支管平均风速计算,该总风量应达到 $31850m^3/h$,原始设计差额为 9.6%。因此,现场除尘系统吸风量不足,不能满足工位粉尘捕集要求,不能有效抽出除尘管道内粉尘。同时,公司未按规定及时清理粉尘,造成除尘管道内和作业现场残留铝粉尘多,加大了爆炸威力。

(4)安全生产管理混乱。某金属公司安全生产规章制度不健全、不规范,盲目组织生产,未建立岗位安全操作规程,现有的规章制度未落实到车间、班组。未建立隐患排查治理制度,无隐患排查治理台账。风险辨识不全面,对铝粉尘爆炸危险未进行辨识,缺乏预防措施。未开展粉尘爆炸专项教育培训和新员工三级安全培训,安全生产教育培训责任不落实,造成员工对铝粉尘存在爆炸危险没有认知。

（5）安全防护措施不落实。事故车间电气设施设备不符合 GB 50058《爆炸和火灾危险环境电力装置设计规范》规定，均不防爆，电缆、电线敷设方式违规，电气设备的金属外壳未做可靠接地。现场作业人员密集，岗位粉尘防护措施不完善，未按规定配备防静电工装等劳动保护用品，进一步加重了人员伤害。

2. 苏州市、昆山市和昆山开发区安全生产红线意识不强、对安全生产工作重视不够，是事故发生的重要原因。

（1）昆山开发区不重视安全生产，属地监管责任不落实，对某金属公司无视员工安全与健康、违反国家安全生产法律法规的行为打击治理严重不力，没有落实安全生产责任制，没有专门的安全监管机构，对安全监管职责不清、人员不足、执法不落实等问题未予以重视和解决，落实国务院安委办部署的铝镁制品机加工企业安全生产专项治理工作不认真、不彻底；未能吸取辖区内曾发生的多起金属粉尘燃爆事故教训，未能举一反三组织全面排查、消除隐患。

（2）昆山市忽视安全生产，安全生产责任制不落实，对区镇和部门安全生产考核工作流于形式，组织安全检查、隐患排查治理不深入、不彻底，未认真落实国务院安委办部署的铝镁制品机加工企业安全生产专项治理工作；对所属区镇和部门在行政审批、监督检查方面存在的问题失察；未能吸取辖区内发生的多起金属粉尘燃爆事故教训，未能举一反三组织全面排查，消除隐患。

（3）苏州市对安全生产工作重视不够，贯彻落实国家和江苏省安全生产工作部署要求不认真、不扎实，对国务院安委办要求开展的铝镁制品机加工企业安全生产专项治理工作部署不明确、督促检查不到位，对安全监管部门未及时开展专项治理工作失察。对昆山市开展安全生产检查情况督促检查不力，未按要求检查隐患排查治理体系建设工作落实情况。

3. 负有安全生产监督管理责任的有关部门未认真履行职责，审批把关不严，监督检查不到位，专项治理工作不深入、不落实，是事故发生的重要原因。

（1）安全监管部门。昆山开发区经济发展和环境保护局（下设安全生产科）履行安全生产监管职责不到位，安全培训把关不严，专项检查不落实。工贸企业安全隐患排查治理工作不力，铝镁制品机加工企业安全生产专项治理工作落实不到位，对辖区涉及铝镁粉尘企业数量、安全生产基本现状等底数

不清、情况不明，未能认真吸取辖区内发生的多起金属粉尘燃爆事故教训并重点防范。对某金属公司安全管理、从业人员安全教育、隐患排查治理及应急管理等监管不力，未能及时发现和纠正某金属公司粉尘长期超标问题，未督促该公司对重大事故隐患进行整改消除，对某金属公司长期存在的事故隐患和安全管理混乱问题失察。昆山市安全监管局铝镁制品机加工企业安全生产专项治理工作不深入、不彻底，未按照江苏省相关要求对本地区存在铝镁粉尘爆炸危险的工贸企业进行调查并摸清基本情况，未对各区(镇)铝镁制品机加工企业统计情况进行核实，致使某金属公司未被列入铝镁制品机加工厂企业名单、未按要求开展专项治理。安全生产检查工作流于形式，多次对某金属公司进行安全检查均未能发现该公司长期存在粉尘超标可能引起爆炸的重大隐患，对某金属公司长期存在的事故隐患和安全管理混乱问题失察。对辖区内区(镇)安全监管部门未认真履行监管职责的问题失察，对昆山开发区发生的多起金属粉尘燃爆事故失察，未认真吸取事故教训并重点防范。苏州市安全监管局未按要求及时开展铝镁制品机加工企业安全生产专项治理，未制定专项治理方案，工作落实不到位，对各县区落实情况不掌握。督促各县区开展冶金等工商贸行业企业粉尘爆炸事故防范工作不认真、不扎实，指导检查不到位。江苏省安监局督促指导苏州市、昆山市铝镁制品机加工企业安全生产专项治理工作不到位，没有按照要求督促、指导冶金等工商贸行业企业全面开展粉尘爆炸隐患排查治理工作。

(2) 公安消防部门。昆山市公安消防大队在某金属公司事故车间建筑工程消防设计审核、验收中未按照《建筑设计防火规范》(GBJ 16—87, 2001年修订版)发现并纠正设计部门错误认定火灾危险等级的问题，简化审核、验收程序不严格。对某金属公司日常监管不到位，未对某金属公司进行检查。对江苏省公安厅消防局2013年部署的非法建筑消防安全专项整治工作落实不力，未排查出某金属公司存在的问题。苏州市公安消防支队未落实江苏省公安厅消防局关于内部审核、验收审批的有关要求，未能及时发现和纠正昆山市消防大队在建筑消防设计审核、验收和日常监管工作中存在的问题，对昆山市公安消防大队消防监管责任不落实等问题失察。监督指导昆山市公安消防大队开展非法建筑消防安全专项整治工作不力。

(3) 环境保护部门。昆山开发区经济发展和环境保护局环境影响评价工作不落实，未发现和纠正某金属公司事故车间未按规定履行环境影响评价程序即开工建设、未按规定履行环保竣工验收程序即投产运行等问题。对某金属公司事故车间除尘系统技术改造未进行竣工验收、除尘系统设施设备不符合相关技术标准即投入运行等问题，监督检查不到位，未及时向上级环境保护部门报告组织验收，也未督促企业落实整改措施。对某金属公司事故车间的粉尘排放情况疏于检查，未对除尘设施设备是否符合相关技术标准及其运行情况进行检查。昆山市环境保护局未发现并纠正某金属公司事故车间未按规定履行环境影响评价程序即开工建设、未按规定履行环保竣工验收程序即投产运行等问题。未履行环境保护设施竣工验收职责，未按规定对某金属公司新增两条表面处理轮圈生产线建设项目环保设施即除尘系统技术改造组织竣工验收。未按要求对被列为重点污染源的某金属公司除尘设施设备的运行及达标情况、铝粉尘排放情况进行检查监测。对昆山开发区环保工作监督检查不到位。苏州市环境保护局未按规定对某金属公司新增两条表面处理轮圈生产线建设项目环保设施组织竣工验收，对被列为市级重点污染源的某金属公司铝粉尘排放情况抽查、检查不到位，对昆山市环保工作监督检查不到位。

（4）住房城乡建设部门。昆山开发区规划建设局对所属的利某图审公司开发区办公室审查程序不规范、审查质量存在缺陷等问题失察，未按照《建筑设计防火规范》（GBJ 16—87，2001 年修订版）将厂房火灾危险类别核准为乙类，而是核准为戊类，审查把关不严。昆山市住房城乡建设局质量监督站在某金属公司事故车间竣工验收备案环节不认真履行职责，在备案前置条件不符合有关规定的情况下违规备案。昆山市住房城乡建设局对下属单位工程建设项目审批工作监督指导不力，对某金属公司工程建设项目审查环节把关不严、违规备案等问题失察。

4. 江苏省淮安市某建筑设计研究院、南京某工业大学、江苏某环境检测技术有限公司和昆山某机电环保设备有限公司等单位，违法违规进行建筑设计、安全评价、粉尘检测、除尘系统改造，对事故发生负有重要责任。江苏省淮安市某建筑设计研究院在未认真了解各种金属粉尘危险性的情况下，仅凭某金属公司提供的"金属制品打磨车间"的厂房用途，违规将车间火灾危险性类别定义为戊类。南京某工业大学出具的《昆山某金属制品有限公司剧毒品使用、储存装置安全现状评价报告》，在安全管理和安全检测表方面存在内容与实际不符问题，且未能发现企业主要负责人无安全生产资格证书和一线生产工人无职业健康检测表等事实。江苏某环境检测技术有限公司未按照 GBZ 159《工作场所空气中有害物质监测的采样规范》要求，未在正常生产状态下对某金属公司生产车间抛光岗位粉尘浓度进行检测即出具监测报告。昆山某机电环保设备有限公司无设计和总承包资质，违规为某金属公司设计、制造、施工改造除尘系统，且除尘系统管道和除尘器均未设置泄爆口，未设置导除静电的接地装置，吸尘罩小、罩口多，通风除尘效果差。

四、责任认定及责任者处理的建议

（一）司法机关已采取措施人员（18 人）

1. 吴某滔（台商），某金属公司董事长。因涉嫌重大劳动安全事故罪，被司法机关于 2014 年 8 月 20 日批准逮捕。

2. 林某昌（台商），某金属公司总经理。因涉嫌重大劳动安全事故罪，被司法机关于 2014 年 8 月 20 日批准逮捕。

3. 吴某宪（台商），某金属公司经理。因涉嫌重大劳动安全事故罪，被司法机关于 2014 年 8 月 20 日批准逮捕。

4. 陈某，昆山开发区管委会副主任、党工委委员、安委会主任。因涉嫌玩忽职守罪，被司法机关于 2014 年 9 月 5 日批准逮捕。

5. 黄某林，昆山开发区经济发展和环境保护局副局长兼安委会副主任。因涉嫌玩忽职守罪，被司法机关于 2014 年 8 月 23 日刑事拘留，8 月 29 日对其取保候审。

6. 陆某峰，昆山市安全监管局副局长。因涉嫌玩忽职守、受贿罪，被司法机关于 2014 年 9 月 5 日批准逮捕。

7. 陆某明，昆山市安全监管局职业安全健康监督管理科科长（副科级）。因涉嫌玩忽职守罪，被司法机关于 2014 年 9 月 5 日批准逮捕。

8. 叶某君，昆山开发区经济发展和环境保护局安全生产科科长、安委会办公室主任。因涉嫌玩忽职守、受贿罪，被司法机关于 2014 年 9 月 5 日批准逮捕。

9. 李某，昆山市安全生产监察大队副大队长兼一中队队长。因涉嫌玩忽职守罪，被司法机关于 2014 年 9 月 5 日批准逮捕。

10. 王某，昆山市公安消防大队原参谋、现任张家港市公安消防大队大队长（副处级）。因涉嫌玩忽职守、受贿罪，被司法机关于 2014 年 9 月 19 日批准逮捕。

11. 尹某海，昆山市公安消防大队原参谋、现任昆山市检察院法警。因涉嫌玩忽职守、受贿罪，被司法机关于 2014 年 9 月 12 日批准逮捕。

12. 宋某堂，昆山市公安消防大队大队长（副处级）。因涉嫌玩忽职守、受贿罪，被司法机关于 2014 年 9 月 5 日批准逮捕。

13. 张某，昆山市公安消防大队民警。因涉嫌玩忽职守罪，被司法机关于 2014 年 9 月 5 日批准逮捕。

14. 丁某东，昆山市环境保护局副局长（正科级）。因涉嫌玩忽职守、受贿罪，被司法机关于 2014 年 9 月 5 日批准逮捕。

15. 仇某军，昆山市环境保护局环境监察大队大队长。因涉嫌玩忽职守、受贿罪，被司法机关于 2014 年 9 月 5 日批准逮捕。

16. 姚某明，昆山市环境保护局综合管理科科长（副科级）。因涉嫌玩忽职守罪，被司法机关于 2014 年 9 月 5 日批准逮捕。

17. 钱某，昆山市环境保护环境监察大队二中队中队长。因涉嫌玩忽职守罪，被司法机关于 2014 年 9 月 5 日批准逮捕。

18. 罗某，昆山市环境保护环境监察大队二中队副中队长。因涉嫌玩忽职守罪，被司法机关于 2014 年 8 月 24 日刑事拘留，9 月 5 日对其取保候审。

以上人员属中共党员或行政监察对象的，待司法机关做出处理后，由当地纪检监察机关或具有管辖权的单位及时给予相应的党纪、政纪处分。对其他人员涉嫌犯罪的，由司法机关依法独立开展调查。

（二）建议给予党纪、政纪处分的人员（35 人）

1. 史某平，江苏省政府党组成员、副省长，2008 年 4 月至 2013 年 2 月分管安全生产工作，2013 年 12 月至 2014 年 7 月临时负责安全生产工作。贯彻落实国家安全生产法律法规不到位，对苏州市、昆山市及江苏省安全监管部门等履行安全生产监督管理不到位的问题失察。对事故发生负有重要领导责任，建议给予记过处分。

2. 周某翔，苏州市委副书记、市政府党组书记、市长。贯彻落实国家有关安全生产法律法规不到位，对苏州市、昆山市及有关部门履行安全生产监督管理责任不到位的问题失察。对事故发生负有重要领导责任，建议给予记过处分。

3. 盛某，苏州市政府党组成员、副市长，2012 年 7 月至 2013 年 6 月分管安全生产。在分管安全生产期间，履行安全生产领导职责不到位，对苏州市安委办开展粉尘爆炸隐患专项治理工作中存在不到位的问题失察，组织、指导、督促全市开展工贸企业粉尘爆炸隐患排查治理工作不到位。对事故发生负有重要领导责任，建议给予记大过处分。

4. 徐某健，苏州市政府党组成员、副市长，分管安全生产。贯彻落实国家有关安全生产法律法规不到位，组织、指导、督促开展工贸企业粉尘爆炸隐患排查治理工作不深入、不彻底，对分管部门未认真履行职责的问题失察。对事故发生负有重要领导责任，建议给予记大过处分。

5. 管某国，昆山市委书记、昆山开发区党工委书记。贯彻落实党的安全生产方针政策不力，对昆山市政府及有关职能部门未认真履行职责的问题失察。对事故发生负有重要领导责任，建议给予党内严重警告处分，免职。

6. 路某，昆山市委副书记、市政府党组书记、市长，昆山开发区党工委副书记、管委会主任。作为昆山市安全生产第一责任人，未认真履行职责，贯彻落实国家有关安全生产法律法规和上级安全生产工作部署要求不力，履行安全生产领导责任不到位，对分管领导及相关职能部门未认真履行职责的问题失察。对事故发生负有主要领导责任，建议给予撤销党内职务、撤职处分。

7. 张某林，昆山市委常委、昆山开发区党工委副书记、管委会副主任，主持开发区日常工作。未认真履行职责，对安全生产工作不重视，履行安全生产领导职责不到位，组织领导全区安全生产工作不力，对开发区安全生产责任体系不健全、安全生产责任制落实不到位、隐患排查治理体系未建立、安全生产大检查走过场等问题失察。对事故发生负有主要领导责任，建议给予撤销党内职务、撤职处分。

8. 汤某云，民建昆山市委主委、昆山市政府副市长，2012 年 6 月至 2013 年 5 月分管安全生产、工业经济等工作。在分管安全生产工作期间履行领导责任不力，督促指导企业落实主体责任工作不到位，对有关部门落实粉尘爆炸隐患专项治理要求存在的严重疏漏的问题失察。对事故发生负有重要领导责任，建议给予降级处分。

9. 江某，昆山市政府党组成员、副市长，分管环境保护工作。履行岗位职责不力，对环境保护工作落实情况监督检查不到位，对昆山市环境保护部门工作存在的漏洞及监管严重缺失等问题失察。对事故发生负有重要领导责任，建议给予党内严重警告、降级处分。

10. 党某兵，昆山市政府党组成员、副市长，分管安全生产。未认真履行职责，对昆山市安全生产监督管理工作检查指导不力，组织、指导、督促全市开展工贸企业粉尘爆炸隐患排查治理工作不到位，对昆山市安全监管局未认真履行职责的问题失察。对事故发生负有主要领导责任，建议给予撤销党内职务、撤职处分。

11. 王某明，江苏省安监局党组书记、局长。贯彻落实国家有关安全生产法律法规不到位，对分管领导和相关职能部门未认真履行职责的问题失察，对苏州及昆山市安全监管部门安全生产工作督促指导不到位。对事故发生负有重要领导责任，建议给予记过处分。

12. 赵某复，江苏省安监局党组副书记、副局长。2007 年 5 月至 2013 年 12 月在分管安全监管一处期间，贯彻落实国家有关安全生产法律法规不到位，对分管部门开展铝镁制品机加工企业安全生产专项治理工作督促指导不到位，对基层安全监管部门开展冶金、机械等工商贸企业粉尘爆炸隐患排查治理不全面、不彻底的问题失察。对事故发生负有重要领导责任，建议给予记大过处分。

13. 曾某华，江苏省安监局安全监管一处党支部书记、处长。贯彻落实国家有关安全生产法律法规不到位，对基层安全监管部门开展铝镁制品机加工企业安全生产专项治理工作督促指导不力、跟踪检查不到位，对基层安全监管部门开展冶金、机械等工商贸企业粉尘爆炸隐患排查治理不全面、不彻底的问题失察。对事故发生负有重要领导责任，建议给予党内严重警告、降级处分。

14. 华某杰，苏州市安全监管局党组书记、局长。贯彻落实国家有关安全生产法律法规不到位，对分管领导和相关职能部门未认真履行职责的问题失察，对昆山市安全监管部门工作督促指导不到位。对事故发生负有重要领导责任，建议给予记大过处分。

15. 韦某，苏州市安全监管局党组成员、副局长，分管安全监管二处。贯彻落实国家有关安全生产法律法规不力，对分管部门未转发上级有关铝镁制品机加工企业安全生产专项治理工作方案的问题失察，对分管部门和昆山市安全监管局工作督促指导不到位。对事故发生负有重要领导责任，建议给予党内严重警告、降级处分。

16. 陈某明，苏州市安全监管局安全监管二处处长。工作失职，未转发上级有关铝镁制品机加工企业安全生产专项治理工作方案；对昆山市安全监管局工作督促指导检查不力，对未发现某金属公司存在重大安全事故隐患的问题失察。对事故发生负有主要领导责任，建议给予党内严重警告、撤职处分。

17. 张某，昆山市安全监管局党组书记、局长。未认真履行职责，贯彻落实国家有关安全生产法律法规和上级文件要求不力，未认真组织开展铝镁制品机加工企业安全生产专项治理工作，对分管领导和相关职能部门未认真履行职责的问题失察。对事故发生负有主要领导责任，建议给予撤销党内职务、撤职处分。

18. 刘某勇，昆山市安全监管局安全生产监察大队党支部书记、大队长。工作失职，对铝镁制品机加工企业安全生产监管不重视、执法检查不认真，检查内容不全面，未能发现某金属公司存在重大安全事故隐患。对事故发生负有主要领导责任，建议给予撤销党内职务、撤职处分。

19. 赵某，昆山开发区经济发展和环境保护局局长。工作失职，贯彻落实国家有关安全生产法律法规和上级文件要求不力，未组织开展铝镁制品机加工企业安全生产专项治理工作，对近年来辖区内发生的金属粉尘燃爆事故未吸取教训并重点防范，对分管领导和安全生产科、环保科等职能科室未认真履行职责的问题失察。对事故发生负有主要领导责任，建议给予党内严重警告、撤职处分。

20. 章某民，苏州市消防支队党委委员、副支队长，分管消防监督、消防行政许可、法制和执法规范化工作。2013 年开展非法建筑专项治理工作不到位，对昆山市消防大队专项治理工作中排查不彻底的问题失察。对事故发生负有重要领导责任，建议给予记大过处分。

21. 祁某华，昆山市公安局党委委员、副局长，分管消防大队。对昆山市消防大队和公安派出所的消防监管工作督促指导不力；对消防大队在 2013 年组织开展的非法建筑专项治理工作中组织不严密、排查问题不彻底的问题失察。对事故发生负有重要领导责任，建议给予记大过处分。

22. 黄某辉，昆山市住房城乡建设局党委副书记，2002 年 1 月至 2005 年 6 月任昆山市消防大队大队长，负责灭火救援、防火监督和消防审核等工作。在任昆山市消防大队大队长期间，对简易程序审核工作督促检查不力，对消防大队在某金属公司 4 号厂房消防审核中未认真履行职责的问题失察。对事故发生负有重要领导责任，建议给予党内严重警告处分。

23. 王某进，昆山市安全监管局主任科员，2002 年 6 月至 2005 年 6 月任昆山市消防大队教导员，分管消防验收工作。在任昆山市消防大队教导员期间，对简易程序验收工作督促检查不力，对消防大队在某金属公司 4 号厂房消防验收中未认真履行职责的问题失察。对事故发生负有重要领导责任，建议给予记大过处分。

24. 房某，昆山市消防大队党支部副书记、副大队长兼防火监督科科长，分管消防审核、专项整治、消防监督工作。在 2013 年开展非法建筑专项治理工作中，未认真履行职责，督促、检查不到位，对消防监督员没有排查出某金属公司 4 号厂房违规建设问题的情况失察。对事故发生负有主要领导责任，建议给予撤销党内职务、撤职处分。

25. 彭某平，昆山市公安局兵希派出所党支部副书记、所长。对派出所日常消防监管工作管理上有疏漏，未按规定健全消防管理相关制度，督促开展消防业务知识培训不力，对派出所日常消防监管工作不深入细致的问题失察。对事故发生负有重要领导责任，建议给予记大过处分。

26. 冯某新，苏州市环境保护局党组书记、局长。贯彻落实国家环境保护法律法规不到位，对分管领导及有关内设部门和昆山市环境保护局未认真履行职责的问题失察。对事故发生负有重要领导责任，建议给予记过处分。

27. 蒋某，苏州市环境保护局党组成员、副局长，分管环保监察工作。对苏州市环境监察支队、昆山市环境监察大队的工作指导、督促不到位，对分管部门未认真履行职责的问题失察。对事故发生负有重要领导责任，建议给予记大过处分。

28. 徐某斌，昆山市环境保护局党组书记、局长。贯彻落实国家环保法律法规不到位，对分管领导及有关内设部门未认真履行职责的问题失察，对未按规定完成对某金属公司 2007 年新增两条生产线项目环保设施和 2012 年 4 号厂房除尘系统技术改造的竣工验收的问题失察。对事故发生负有重要领导责任，建议给予记大过处分。

29. 汪某，昆山开发区经济发展和环境保护局副局长、昆山市环境保护局副局长，分管环保科。对环保科监督检查工作督促不力，对未按规定完成对某金属公司 2007 年新增两条生产线项目环保设施和 2012 年 4 号厂房除尘系统技术改造的竣工验收的问题失察。对事故发生负有重要领导责任，建议给予党内严重警告、降级处分。

30. 查某正，昆山市环境保护局固体废物管理科科长，2002 年 12 月至 2010 年 12 月，历任昆山市环境保护局开发监督科科长、项目审批中心副主任兼项目审批科一科科长、环境监察大队大队长。在负责环评和监察工作期间，未认真履行职责，未按规定完成对某金属公司 2007 年新增两条生产线项目环保设施和 2012 年 4 号厂房除尘系统技术改造的竣工验收。对事故发生负有重要领导责任，建议给予党内严重警告、降级处分。

31. 吴某明，昆山市环境保护局环境监察大队副大队长兼环境应急中心主任，2003 年 9 月至 2007 年 1 月任昆山市环境保护局监察大队二中队队长。在任二中队队长期间，工作失职，未发现和纠正 2004 年某金属公司擅建 3、4

号抛光车间未履行环境影响评价手续的问题。对事故发生负有主要领导责任，建议给予党内严重警告、撤职处分。

32. 盛某东，昆山开发区党工委委员、管委会副主任，2003 年 1 月至 2007 年 11 月任昆山市建设局副局长，分管建设工程质量监督站。在任昆山市住房城乡建设局副局长期间，对其分管的建设工程质量监督站未能发现和纠正某金属公司 4 号厂房竣工验收备案材料中缺少环保批复文件的问题失察。对事故发生负有重要领导责任，建议给予记大过处分。

33. 王某龙，昆山市高新区规建局总工程师，2003 年 5 月至 2007 年 12 月任昆山市建设局建设工程质量监督站站长。在任建设工程质量监督站站长期间，对某金属公司 4 号厂房竣工验收备案材料中缺少环保批复文件的问题失察。对事故发生负有重要领导责任，建议给予党内严重警告、降级处分。

34. 沈长根，昆山市住房城乡建设局党委书记、副局长，2000 年 4 月至 2005 年 2 月任昆山开发区规划建设局副局长，分管昆山开发区图审中心。在任昆山开发区规划建设局副局长期间，对其分管的图审中心对某金属公司 4 号厂房图审审查把关不严、审查程序存在错误的问题失察。对事故发生负有重要领导责任，建议给予记大过处分。

35. 石某梅，昆山开发区规划建设局图审中心副主任。工作失职，对某金属公司 4 号厂房图审应将厂房火灾危险类别核准为乙类却核准为戊类的问题审查把关不严，在审查程序上存在错误。对事故发生负有主要领导责任，建议给予党内严重警告、撤职处分。

建议对江苏省人民政府予以通报批评，并责成其向国务院做出深刻检查。

（三）行政处罚及问责建议

1. 依据《安全生产法》《生产安全事故报告和调查处理条例》等相关法律法规的规定，建议江苏省人民政府责成江苏省安监局对某金属公司处以规定上限的经济处罚。

2. 建议江苏省人民政府责成有关部门按照相关法律、法规规定，对某金属公司依法予以取缔。

3. 依据《安全生产法》等法律法规的规定，由江苏省住房城乡建设、安全监管和环境保护部门对江苏省淮安市某建筑设计研究院、南京某工业大学、江苏某环境检测技术有限公司、昆山某机电环保设备有限公司等单位和有关人员的违法违规问题进行处罚。构成犯罪的，由公安司法机关进行查处，依法追究其刑事责任。

五、防范建议

1. 严格落实企业主体责任，加强现场安全管理。各类粉尘爆炸危险企业认真开展隐患排查治理和自查自改，要按标准规范设计、安装、维护和使用通风除尘系统，除尘系统必须配备泄爆装置，一定要切记加强定时规范清理粉尘，使用防爆电气设备，落实防雷、防静电等技术措施，配备铝镁等金属粉尘生产、收集、贮存、防水防潮设施，加强对粉尘爆炸危险性的辨识和对职工粉尘防爆等安全知识的教育培训，建立健全粉尘防爆规章制度，严格执行安全操作规程和劳动防护制度。

2. 加大政府监管力度，强化开发区安全监管。招商引资、上项目要严把安全生产关，对达不到安全条件的企业，坚决淘汰退出；要严厉打击企业非法违法行为，保护员工健康与安全；要切实理顺开发区安全监管体制，建立健全安全监管机构，加强基层执法力量；要切实解决对开发区安全生产违法违规企业放松监管、大开绿灯、听之任之的问题，严防安全监管"盲区"。要提高安全监管人员的专业素质，提高履职能力，加强企业承担社会责任制度建设，研究探索政府购买服务的方式，引入和培育第三方专业安全管理力量，指导企业加强安全管理，帮助基层和企业解决安全生产难题。

3. 落实部门监管职责，严格行政许可审批。安全监管部门要准确掌握存在粉尘爆炸危险企业的底数和情况；加强安全培训工作，认真落实专项治理和检查，严格执法，监督企业及时消除隐患。公安消防部门要在消防设计审核、消防验收中依法依规核定厂房的火灾危险性分类，依法对易燃易爆企业开展消防监督检查，督促企业落实消防安全主体责任，坚决依法查处火灾隐患和消防违法行为。环境保护部门要严格落实环境影响评价各项工作要求，严把除尘系统项目技术标准和竣工验收关，加强对粉尘排放情况的检查监测。住房城乡建设部门要规范厂房建设项目审查程序，严格审批和备案。有关部门要加强对中介机构的监管，确保中介机构合法合规地开展建设项目设计、安全评价、环境检测等业务，对弄虚作假和违法违规行为坚决查处，发挥好中介机构的支撑作用。

4. 深刻吸取事故教训，强化粉尘防爆专项整治。要与"六打六治"打非治违专项行动紧密结合，借助专业力量，采取"四不两直"的方式深入企业检查，重点查厂房、防尘、防火、防水、管理制度和泄爆装置、防静电措施等内容，及时消除安全隐患，确保专项治理取得实效。对违法违规和不落实整改措施

的企业要列入"黑名单"并向社会公开曝光，严格落实停产整顿、关闭取缔、上限处罚和严厉追责的"四个一律"执法措施，集中处罚一批、停产一批、取缔一批典型非法违法企业。

5. 加强粉尘爆炸机理研究，完善安全标准规范。学习借鉴国外先进方法，建立粉尘特性参数数据库，为修订不同类型可燃性粉尘安全技术标准、粉尘爆炸预防提供科学依据；加强与国际劳工组织及发达国家相关研究机构交流，制定出台《铝镁制品机械加工防爆安全技术规范》等标准规范；加强对可燃性粉尘企业生产工艺、安全生产条件、安全监管等基础情况的调查研究，建立可燃性粉尘重点监管目录，提出涉及可燃性粉尘企业安全设施技术指导意见；推广采用湿法除尘工艺和机械自动化抛光技术，提高企业本质安全水平，有效预防和坚决遏制重特大粉尘爆炸事故发生。

案例 8　浙江省温州市瓯海区某加工厂"8·5"重大爆炸事故❶

2012 年 8 月 5 日，浙江省温州市瓯海区郭溪街道一幢共 4 间半二层房屋（总面积约 300m²），发生一起非法组织生产引起的重大生产安全责任事故，生产过程中铝粉尘发生爆炸导致坍塌并燃烧，事故共造成 13 人死亡、15 人受伤，其中 6 人重伤，4 间半二层的房屋整体毁损。

一、事故单位概况

事故发生地点位于浙江省温州市瓯海区郭溪街道的一幢二层民房（无门牌号，共 4 间半，东起 2 间半为鲁某修所有，第 3、4 间为鲁某平所有）。爆炸点为鲁某修出租给姜某功作为抛光加工厂即东面的 2 间半二层民房内。加工场东面与另一出租民房间距约 3m；南面为小溪；西侧为与其相连的鲁某平的 2 间二层民房（已租给他人居住）；北面是房东鲁某修原先搭建的简易棚，该简易棚与民房（鲁某修所有）相连。加工厂内部一层东起的半间为楼梯间（包括卫生间）；东起第 2 间为抛光车间，内设 6 台抛光机；第 3 间及靠小溪的转角院子为集尘间，其北面与简易棚侧连接处设 2 台抛光机；简易棚中另有 1 台抛光机（闲置）。二层东起半间同为楼梯间，其余 2 间分割成若干小间作员工宿舍和员工厨房。

该加工厂（无工商执照）专门为锁具企业进行门执手（把手）抛光。加工厂负责人姜某功，小学文化。2009 年在瓯海区丽岙王宅村从他人手中转来一抛

---

❶ 来源：安全管理网。

光加工厂，并于当年 5 月在市工商局注册了名称为"温州市瓯海丽岙其功抛光加工店"的个体工商户营业执照。2011 年 3 月营业执照因自行停业被注销。2011 年 9 月，姜某功从瓯海区郭溪街道鲁某修儿媳处租用 2 间半二层房屋及简易棚，作为抛光加工场地及用于员工居住，并于当月将抛光加工厂从丽岙迁至现址。加工厂共雇有员工 16 人，其中 14 人为姜某功及其妻李某芳从安徽老家带来的亲戚。每台抛光机供 2 人同时使用，每天作业时间为 6：30～19：00，月加工能力约 62 万把。抛光业务来源主要为瓯海当地的铝制品锁具企业。姜某功与李某芳共同负责业务联系和加工厂内部管理。

二、事故发生经过和事故救援情况

（一）事故发生经过

2012 年 8 月 5 日下午，除 1 名员工请假外出、另 1 名员工在宿舍休息外，车间内有 14 人在作业，姜某功夫妇因外出也不在现场。16 时 40 分左右，一声剧烈爆炸之后，加工厂及与之相连 2 间民房共计 4 间半二层民房整体倒塌，并起火燃烧。爆炸冲击波致使加工厂周边民房严重受损，东面相邻的民房外墙被炸开 2 个各约 4m² 的大洞；北侧与简易棚相连的 3 间民房（鲁某修所有）门窗被震塌，并起火燃烧；相邻的其他 3 间民房门窗玻璃被震碎。加工场内 14 名作业人员和楼上正在休息的 1 名员工，以及西侧 2 间出租房内 7 人总共 22 人被埋压（其中有部分人员受伤后自行挣脱逃离现场）。爆炸冲击波及高温还导致西侧出租房外面 4 名正在玩耍的人员受伤，民房内 1 名小孩受伤、1 名老人（鲁某修的母亲）被烧死。事故共造成 13 人死亡、15 人受伤，其中 6 人重伤；4 间半二层的房屋整体毁损。

（二）事故抢险救援情况

温州市消防支队指挥中心于 16 时 50 分接到报警，立即调派娄桥、牛山两个公安消防中队 7 辆消防车 56 名官兵和郭溪、瞿溪 2 个专职队 3 辆水罐车 23 名消防员共计 10 车 79 人赶赴现场救援。之后，又根据事故现场情况，增派了勤奋路、下吕浦、特勤一中队共 4 辆消防车 32 名官兵赶赴现场增援。

国家安监总局、省政府和温州市委、市政府、瓯海区委、区政府主要领导，市、区公安、安监、卫生等部门负责人都在接到报告后迅速赶到现场，直接组织指挥抢险救援工作，并成立现场指挥部，由瓯海区委书记担任总指挥。由于事故现场房屋整体倒塌，被埋压人员较多且情况不明，温州市消防支队随即启动了"温州市重大灾害事故应急处置预案"，市、区两级公安机关也分别启动了应急预案，迅速调集治安、特警、刑侦、交警以及周边派出所共 300 余名警力及挖掘机等工程设备参加抢险救援。至 17 时 40 分，到场参与救援的消防、公安、武警及医疗、电力等人员达 600 余人。至次日凌晨 3 时，确认再无被困人员，整个救援行动基本结束。

三、事故原因

（一）直接原因

加工厂抛光作业间内悬浮在空气中的铝粉尘浓度达到爆炸极限，遇抛光机电机控制开关产生的电火花发生爆炸。

（二）间接原因

1. 加工厂通风除尘不良。该加工场抛光间生产过程中铝粉尘收集效率差，平时清扫不及时，加之当时几近封闭的作业环境及每位作业人员身后电扇的作用，导致作业间内铝粉尘积聚、扬起并达到爆炸浓度。

2. 加工厂配置的电气设备不防爆。加工厂所选用的抛光机、电气设备、通风设备均非防爆型，且电气线路敷设不规范（姜某功无电工证自行拉接），生产过程中抛光机电机控制开关时常产生电火花。

3. 加工厂选址不当。该加工厂位于居民区内，爆炸冲击波殃及周边民房，导致事故扩大。

4. 当地工商部门打击无照生产经营工作不力。姜某功无照非法生产长达 11 个月，且加工产量已具一定规模，当地工商部门均未能及时发现、取缔，监管存在漏洞。

5. 当地出租民房和流动人口管理不到位。铝制品抛光作业存在爆炸风险，而该非法加工厂设在民房之中已有较长时间，且有 18 名外来人员长期在此居住并务工，当地政府管理部门和基层组织均没有及时发现、登记和列入管理。

6. 供电单位不负责任。该加工厂无工商营业执照，并将非法加工厂设置在出租民房内，而供电部门依然为其提供三相电，没有按照供电部门相关规定履行用户资格审查等职责。

7. 当地政府组织开展打非治违和隐患排查治理工作不够深入、不够彻底。

四、责任认定及责任者处理的建议

（一）追究刑事责任的人员

1. 姜某功，发生事故的铝制品抛光加工厂负责人。2011 年 9 月开始租用鲁某修2间半二层房屋及简易棚，在未领执照且不具备安全生产条件的情况下，招聘员工非法从事锁具抛光加工，对事故的发生负有直接责任，由司法机关立案侦查，追究其刑事责任。

2. 李某芳，姜某功妻子。伙同并帮助姜某功非法组织生产，参与加工厂日常管理，对事故发生负有重要责任，由司法机关立案侦查，追究其刑事责任。

3. 鲁某修，瓯海区郭溪街道郭南村人。擅自将房屋出租给不合法、不具备安全生产条件的姜某功从事非法生产经营活动，造成严重后果，对事故发生负有重要责任，由司法机关立案侦查，追究其刑事责任。

（二）给予党纪或政纪处理的人员

1. 决定给予瓯海区区长彭某华行政警告处分。

2. 决定给予瓯海区委常委、副区长周某富行政记过处分。

3. 决定给予市工商局瓯海分局副局长韩某勇行政记过处分。

4. 决定给予市工商局瓯海分局三溪工商所副所长胡某杰行政记大过处分。

5. 决定给予市工商局瓯海分局三溪工商所科员陈某化行政记大过处分。

6. 决定给予瓯海区安监局副局长季某仁行政记过处分。

7. 决定给予瓯海区郭溪街道经济发展办公室副主任、总工会副主席谢某（原郭溪街道安全监察中队长）记过处分。

8. 决定给予瓯海区新居民服务管理局副局长毕某行政记过处分。

9. 决定给予瓯海区郭溪街道新居民服务管理所网格协管员贾某明辞退处理。

10. 决定给予瓯海区郭溪街道办事处主任葛某忠行政记过处分。

11. 决定给予瓯海区瞿溪街道党工委副书记黄某珍（原郭溪街道党委委员、街道办事处副主任）撤销党内职务处分。

12. 决定给予瓯海区郭溪街道司法所副所长徐某敏（原郭溪街道郭南村驻村干部）行政记大过处分。

13. 决定给予瓯海区郭溪街道郭南村党支部书记杨某留党察看一年处分。

14. 决定给予瓯海区郭溪街道郭南村党支部委员林某益留党察看两年处分。

（三）建议企业内部做出处理的人员

鲁某斌，瓯海坑口塘水电站班组长，具体负责郭溪片电力用户申请审批和安装，工作严重失职，建议由当地政府责成企业主管部门按照企业内部管理规定，给予行政处分和经济处罚。

（四）以下单位向上级政府做出书面检查

1. 瓯海区政府应向市政府做出深刻书面检查。

2. 责成市政府向省政府做出深刻书面检查。

五、防范建议

1. 继续深化打非治违行动，坚决取缔无证照非法企业。加强工商、国土、建设、电力、安监、公安等部门间的工作协调，明确职责、加强监管，形成整治合力，深入排查、联合打击无证无照非法企业，坚决拆除违章建筑，消除安全管理死角，确保打非治违各项工作措施落到实处，着力改善安全环境。

2. 培育和扶持合法合规企业，坚决淘汰落后生产工艺。要把打非治违与推进当前产业结构调整和转型升级结合起来，抓紧制定相关政策和标准，采取切实措施培育和扶持那些依法依规生产经营、积极采用先进安全设备和技术、内部管理规范的企业，坚决限制和淘汰落后产能。特别是要继续强化涉可燃爆粉尘等高危企业的安全整治，严格执行《国务院安委会办公室关于深入开展铝镁制品机加工企业安全生产专项治理的通知》，严格控制行业准入，规范此类企业(场所)的安全生产管理，提高整个行业安全生产整体水平。

3. 加强源头控制，规范出租民房安全管理。要结合社会管理创新工作，抓紧出台出租民房相关安全管理规定并认真抓好落实。公安、工商、安监、供电供水等部门要建立信息共享机制，建立互联互通信息平台，进一步完善网格化管理措施，落实相关责任人员的管理责任，严厉打击和彻底取缔非法生产经营企业，坚决防止高危企业落户人口密集区，危及周边群众的安全。

4. 加强宣传教育培训，提高群众安全意识。加大安全生产相关法律法规和知识宣传力度，依法对企业负责人、安全管理人员和职工开展安全生产教育培训，提高从业人员安全生产法制意识和事故防范能力。进一步加强舆论宣传和监督，发动群众群防群治，及时举报和曝光重大隐患，督促企业切实履行社会责任和落实安全生产主体责任。

5. 明确相关部门的职责，形成联合监管长效机制。要积极研究和探索新形势下安全生产监管的方法和措施，特别是对多部门监管但职责边界不清、监管主体不明确的行业企业，由政府牵头，成立领导协调组织，在明确相关部门职责任务的同时，建立联合执法机制和责任追究制度，以保证监管工作措施落到实处。

6. 加强安全生产基础工作，完善检查考核机制。进一步加强对安全生产工作的领导，督促政府各相关部门和基层组织加大安全监管力度，深入排查治理隐患。同时，要加强工作督查和考核，建立科学有效的考评机制，保证安全生产工作在基层切实得到落实。

案例9 广东省东莞市企石镇某五金制品公司"11·8"爆炸事故❶

2019年11月8日，广东省东莞市企石镇原东莞某发泡塑料制品有限公司厂区发生一起因环境保护主体责任不落实、擅自违法违规处置固体废物的爆炸事故，造成1人死亡、7人受伤，爆炸点周边部分建筑物、车辆及高压线受损，直接经济损失约为780万元。

一、事故单位概况

（一）相关企业基本情况

东莞市某五金制品有限公司（以下简称某五金公司）于2019年6月17日与东莞某实业公司签订租赁合同，租赁期限为2019年6月15日至2024年6月14日，租赁建筑物为华某工业园内靠近企石镇光明路的厂房29栋三间两层混凝土楼房及二间一层铁皮房，建筑总面积为2134m²，主要生产镁铝合金护栏窗花，原材料为镁铝合金（Mg90%+Al10%）。

东莞市某实业有限公司（以下简称某实业公司）经营范围：沐浴场所、旅业、餐饮、物业管理等。

东莞某发泡塑料制品有限公司（以下简称某发泡公司）经营范围：生产和销售泡沫包装和薄膜。2018年7月该公司因环保问题正式停业，后由某实业公司接手运营管理，并将其改造为华某工业园，工业园总占地面积约38000m²，其中，事发水泵房所在的闲置空地约6000m²。

（二）事故波及企业基本情况

东莞市某模具有限公司经营范围：加工、产销五金模具及其配件。

广东某照明科技有限公司经营范围：研发、生产和销售电光源器具、五金模具、散热器、陶瓷制品、五金制品及货物进出口、技术进出口。

东莞市某汽车有限公司经营范围：销售汽车、汽车用品、汽车零配件及二手车经销、汽车维修。

广东某电网有限责任公司东莞供电局，经营范围：电网经营管理，调峰调频电厂经营管理；电力购销，电力过网和交易服务，电力工程建设，经营

❶ 来源：东莞市应急管理局官方网站。

电力有关的信息产业，电力设备、电力器材的销售。

（三）建筑物平面布局

对现场建筑区域进行实地测量，事故现场建筑布局和实际尺寸测量如下：

1. 水泵房尺寸为 3.15m×7.2m，水泵房北侧有三个水池，尺寸分别为 9.1m×5.6m、8.1m×7.2m 和 4.2m×9.1m；

2. 水池和水泵房西侧是尺寸为 12.8m×48m 的三层框架结构 4S 店；

3. 水泵房西南方向为广东某照明科技有限公司冲压车间，尺寸为 65m×50m；

4. 水泵房东南方向是广东某照明科技有限公司清洗车间、注塑车间及其中间过道的铁棚，清洗车间和注塑车间尺寸均为 60m×30m；

5. 水泵房东北方向是尺寸为 66m×51m 的黄沙地，有一辆运泥车烧毁和一台遭碎块撞击的挖掘机；

6. 黄沙地东北向是 52m×42m 的三层结构的原某发泡公司空置厂房；

7. 黄沙地西边是某五金公司，其中有压铸车间和打磨车间；

8. 某五金公司往北方向有尺寸为 56m×50m 的东莞市某模具有限公司车间。

（四）事故位置情况

事故爆炸地点位于原某发泡公司厂区内一闲置水泵房，水泵房旁边有三个水池，水池和水泵房情况如下：三个水池总占地面积共 147.5m²，深度 1.5m，水泵房长 7.2m、宽 3.15m、高 4m（地平线下方约 1.5m，地平线上方约 2.5m），占地面积 22.68m²，有门、窗通风，水池与水泵房通过原水管孔洞互通。水池于 2019 年 8 月份由某实业公司填埋，填埋所用材料是工地现场挖的黄泥，后用混凝土封顶。

水泵房在原某发泡公司 2018 年 8 月份停产后拆除房内泵机及电气线路。2019 年 9 月，某五金公司用约 50 袋厂内生产工序中产生的镁铝合金粉屑倾倒至水泵房内，再填上黄泥，然后将约 40 袋袋装合金粉屑放置在黄泥上。

（五）事故位置高压线基本情况

高压线全称：110kV 下企乙上线，由原 110kV 下企乙冬线解口接入 110kV 上江站而来，于 2009 年 9 月 18 日投运，全长 11.3km。爆炸点位于该高压线 N5-N6 正线行下，距离 N5 塔约 124.6m，导线距离爆炸点最近垂直距离约 17m。

（六）相关人员基本情况

1. 刘某飞 1，系某五金公司股东（占股 70%）、法定代表人及主要负责人，负责企业的日常管理。

2. 刘某飞2，系某五金公司厂长，系刘某飞1的哥哥，当刘某飞1不在工厂内时，由刘某飞2管理企业，于2019年9月28日，安排员工将镁铝合金粉屑填埋、堆放至事故位置水泵房内。

3. 粮某如、杨某，系某五金公司水磨工人，9月28日，受刘某飞2安排，往水泵房填埋、堆放镁铝合金粉屑。

4. 董某凡，系某五金公司拉丝工人，9月28日，受刘某飞2安排，往水泵房填埋、堆放镁铝合金粉屑。

5. 符某华，系某五金公司股东(占股30%)，只负责投资分红，不参与企业实际管理。

6. 潘某学，系某实业公司驻华某工业园工地管理人员，于2019年8月份负责填埋事故位置原水池。

二、事故发生经过和事故救援情况

（一）事故发生背景

某五金公司于2019年6月搬到现址，并于7月28日开始陆陆续续进行生产，生产过程中产生的工业垃圾镁铝合金粉屑主要用粉屑收集池进行收集，未能进入粉屑收集池及地面上的镁铝合金粉屑用编织袋收集并堆放在宿舍楼下一个空房间内。2019年9月28日，因存放镁铝合金粉屑的房间空间不足，刘某飞1在未征得某实业公司的同意下，指示刘某飞2将镁铝合金粉屑转移到厂区外一闲置水泵房内，其后刘某飞2安排粮某如、杨某、董某凡三人将约50袋厂内生产工序中产生的镁铝合金粉屑倾倒至水泵房内，再填上黄泥，然后将约40袋袋装合金粉屑堆放在黄泥上。

另根据市生态环境局于2019年8月23日出具的《关于某五金公司建设项目环境影响报告表的批复意见》，该公司生产过程中产生的镁铝合金粉屑属于一般工业固体废物，应按照GB 18599《一般工业固体废物贮存、处置场污染控制标准》要求，在厂区内设置一般工业固体废物暂存区存放镁铝合金粉屑，并需委托有相应资质的固体废物处理单位进行处置。

（二）事故发生经过

2019年11月8日14时32分，某五金公司堆放工业垃圾镁铝合金粉屑的水泵房发生爆炸，爆炸波及周边企业、民房及水泵房上方高压线，造成广东某照明科技有限公司、东莞市某模具有限公司、某五金公司、东莞市某汽车

有限公司等企业部分建筑物起火，铁皮房顶、外墙、窗户玻璃受损，高压线铁塔损伤倾斜、两侧地线损伤变形、A 相导线有 9 处断股损伤、B、C 相导线和光缆断落地面。另外，发生爆炸时，炸飞一混凝土块，飞至并砸穿东莞市某模具有限公司车间铁皮房顶，击中车间内正在操作的曾某生，造成曾某生当场死亡。

（三）应急救援情况

事故发生后，企石消防大队出动 6 辆消防车、22 名消防员赶赴现场处置，并第一时间开展火情侦查、人员疏散及火灾扑救；企石镇委书记袁某群、镇委副书记梁某帅、党委委员王某平立即赶赴现场指挥救援，并启动突发事件应急预案；应急管理分局、公安分局、交警大队、卫健局、供电部门、东山村委会等相关部门人员赶赴现场协助开展应急救援工作。11 月 8 日晚上 20 时，姚某光镇长组织相关部门召开研讨会，分析事故情况，部署相关工作。要求全力救治伤员，认真组织善后理赔，做好现场管控，防止事态扩大。

（四）善后处理情况

7 名伤者经治疗已全部伤愈出院，死者家属已获得 93 万元赔偿。其他财产损失理赔善后工作正在进行中，受事故影响停工停产的单位已陆续复工复产，受损高压线已于 12 月 5 日抢修复电。

（五）应急处置评估

经评估，此次应急处置及救援得当，处置及时，未造成二次伤害。

三、事故原因

（一）事故技术分析

某五金公司在原某发泡公司闲置水泵房大量填埋、堆放的镁粉遇水池积水产生氢气，长时间积聚在水池地面硬化层以下空间以及水泵房黄泥层以下镁粉孔隙中，氢气压力缓慢升高，达到临界值后从水泵房泥土封闭层冲出产生静电火花引发第一次氢气爆炸；随即氢气爆炸冲击波将水泵房黄泥层上堆放的镁铝合金粉屑均匀分散在一定空间范围内加热并点燃，引发第二次合金粉屑爆燃。

（二）直接原因

某五金公司在空置地块上的水泵房填埋和贮存的废弃镁铝合金粉屑遇水产生氢气并积聚，氢气等气体迸发产生静电引发气体爆炸并引起粉屑爆燃。

（三）企业存在的管理问题

1. 某五金公司未按《固体废物环境防治法》第十七条的规定贮存、处置固体废物，擅自倾倒、堆放固体废物在水泵房，未尽依法处置固体废物管理责任。

2. 某实业公司未履行园区安全管理主体责任，未能及时发现某五金公司在废置水泵房填埋、堆放工业垃圾镁铝合金粉屑并及时进行处理。

（四）相关单位履职情况

1. 生态环境部门履职情况

市生态环境局企石分局作为生态环境保护主管部门，负责辖区内固体废物污染整治工作，依法履行了执法检查、行政处罚等职责，主要包括：成立一般工业固体废物管理工作领导小组，稳步推进固体废物处理工作；推进省固体废物信息平台应用，进一步完善固体废物管理信息化工作及加强固体废物基础数据动态管理，截至目前已完成一般固体废物年度申报 307 家；完成纳入监管的固体废物单位规范化管理工作，按考核成绩均为达标；强化执法监管手段，今年以来在固体废物处置方面对 12 违规家企业进行了立案处理。

2. 村委会履职情况

东山村作为属地管理行政村，该村依法履行了属地监管职责，定期组织企业负责人召开环境污染防治工作会议，按要求转发传达了固体废物处理相关文件至各生产经营单位，定期巡查辖区内企业固体废物处理情况，对发现擅自倾倒固体废物的行为及时进行处置，并将无法处置的情况及时上报生态环境部门，对某五金公司尽了督促监管责任，该五金厂已完成了环保相关手续并签订了固体废物处理协议。

四、责任认定及责任者处理的建议

根据《安全生产法》《固体废物环境防治法》等有关规定，建议对该起事故有关责任单位及责任人做出如下处理建议。

（一）建议移交司法机关处理的人员

1. 刘某飞 1，某五金公司主要负责人，违法指派员工在废置水泵房内填埋、堆放爆炸性粉屑，导致发生爆炸，导致 1 人死亡、多人受伤及公私财物受损，建议移交司法机关处理。

2. 刘某飞 2，某五金公司厂长，具体负责公司生产运营管理，在接到刘某飞 1 的指示后，安排员工在废置水泵房内填埋、堆放爆炸性粉屑，建议移交司法机关处理。

（二）建议给予行政处罚的单位及人员

1. 某五金公司法律意识淡薄，心存侥幸，存在主观上的故意填埋、堆放固体废物的行为，擅自在废弃的水泵房里填埋、堆放固体废物镁铝合金粉屑，违反了《固体废物环境防治法》第十七条的规定，建议由生态环境部门依法对其违法行为进行处理。

2. 某实业公司作为工业园区的产权管理方，未落实安全管理主体责任，事故隐患排查不到位，未与承租单位签订专门的安全生产管理协议，未在租赁合同中约定各自的安全生产管理职责，管理缺失间接导致事故的发生，某实业公司违反了《安全生产法》第四十六条第二款的规定，建议由应急管理部门依法对该公司及安全管理人员潘某学的违法行为进行处理。

（三）其他建议

1. 刘某弟，市生态环境局企石分局污染防治股负责人，负责固体废物申报、审批和监管工作，对固体废物处置环节监管不到位，未能发现某五金公司擅自在厂区外填埋、堆放废弃镁铝合金粉屑。建议纪检监察部门对其做提醒谈话处理。

2. 张某珊，市生态环境局企石分局污染防治股办事员，协助股室负责人开展固体废物申报、审批和监管工作，对固体废物处置环节监管不到位，未能发现某五金公司擅自在厂区外填埋、堆放废弃镁铝合金粉屑。建议纪检监察部门对其做书面检查处理。

3. 姚某强1，东山村村委会党工委副书记，分管生态环境保护等相关工作，对某五金公司固体废物处置检查不到位，未能发现其擅自在厂区外填埋、堆放废弃镁铝合金粉屑。建议纪检监察部门对其做提醒谈话处理。

4. 姚某强2，东山村聘任干部，直接负责生态环境保护等相关工作，对某五金公司固体废物处置检查不到位，未能发现其擅自在厂区外填埋、堆放废弃镁铝合金粉屑。建议纪检监察部门对其做书面检查处理。

5. 事故涉及其他法律责任，如其他当事方是否构成民事侵权等责任，建议当事各方通过其他法律途径解决。

五、防范建议

1. 切实提高认识，真正落实责任，全面构建固体废物处置体系，牢牢守住公共安全底线。

2. 强化源头管理，建立固体废物源头监管档案，对固体废物产生单位进行实时跟踪，动态更新固体废物数据库，对发现违反规定的企业，坚决不留情面，从严从重处理。

3. 加大对固体废物管理工作的宣传力度，发挥群众的监督作用，深化环保法律法规的宣传，尤其加强固体废物处置的宣传教育，提高企业守法意识。

4. 生产经营单位要加强守法意识，自查自检，落实主体责任，强化企业管理，严格遵守法律法规，依法依规经营，依法依规处理固体废物。

案例 10 广东省深圳市光明新区 某五金加工厂"4·29"爆炸事故❶

2016 年 4 月 29 日，广东省深圳市光明新区公明办事处田寮社区第一工业区新区公明某五金加工厂（以下简称某五金加工厂）发生一起因出租单位非法出租、生产经营单位违反安全生产规定，在不具备安全生产条件的情况下组织生产，政府有关部门安全监管不到位造成的生产安全责任事爆炸故事故，共造成 5 人死亡、5 人受伤。在《生产安全事故报告和调查处理条例》规定的事故发生后 30 日报告期后，1 人经医治无效死亡。

一、事故单位概况

（一）事故单位情况

1. 事发单位基本概况：某五金加工厂营业执照办理于 2013 年 8 月，经营者（个体工商户）王某，注册经营场所为新区公明街道田寮社区第一工业区（经查，该注册地址为虚构），实际经营场所为田寮社区第一工业区西南角铁皮房，经营范围：五金加工。2005 年左右，王某开始在公明办事处麒麟山工业区租赁厂房承接五金件抛光打磨业务，2008 年 11 月，搬迁至现址。

2. 事发场所建设情况：事发场所为田寮社区第一工业区西南角铁皮房（系违法建筑），无任何报建手续。面积约为 350m²，单层建筑，墙体为砖混结构，屋顶为铁皮覆盖。经查，该铁皮房建成于 20 世纪 90 年代，新区公明街道工业总公司（以下简称公明某工业总公司）将该铁皮房所在区域的相关厂房出租给深圳某制衣有限公司（该公司 2005 年未年检，在《深圳商报》上被依法公告吊销）。

2000 年 11 月 26 日至 2007 年 12 月 31 日，公明某工业总公司将铁皮房所在区域相关厂房出租给深圳某 1 制衣有限公司（该公司 2007 年度未年检，已被吊销）。2008 年 11 月，王某单独承租该铁皮房后，根据抛光打磨工艺布局

---

❶ 来源：原深圳市安全生产监督管理局官方网站。

的需要，增加了砖槽除尘风道、排风管道、抛光打磨机、砂轮打磨机等设备设施。

3. 事发场所租赁情况：2008 年 11 月以来，深圳市某投资发展有限公司（以下简称某投资公司）分三次，先后与王某委托的员工吴某保（租赁期限 2008 年 11 月至 2010 年 11 月）、王某华（租赁期限 2010 年 11 月至 2013 年 1 月）及王某（租赁期限 2013 年 1 月至 2016 年 12 月）签订租赁合同，将田寮第一工业区内铁皮房出租给王某兴办加工厂使用，出租用途为生产厂房、办公用房、仓储。

事发场所铁皮房所在田寮社区第一工业区为公明某工业总公司下属物业，于 1990 年建成投入使用至今，工业区占地面积 13476.9m²，建筑面积 39213.52m²，其中厂房面积 20078.37m²，宿舍 18679.15m²，配套设施 456m²。

2008 年 3 月 11 日，公明某工业总公司与某投资公司签订工业厂房租赁合同（公工租：200802 号），将田寮社区第一工业区内厂房 7 栋、宿舍 6 栋、食堂、配电设施 75.6m²，总面积 30441.18m² 租赁给某投资公司，租赁期限为 15 年（2008 年 7 月 16 日起至 2023 年 7 月 15 日止，2008 年 4 月 9 日双方签订补充协议，将租赁期改为 2008 年 7 月 16 日起至 2018 年 7 月 15 日止），厂房及宿舍月租金为 29.5 元/m²。合同约定，某投资公司有权将厂房转租或分租。

4. 事发单位生产经营情况：某五金加工厂员工流动较为频繁，事发前共有员工 16 人。某五金加工厂主要从事五金件抛光打磨业务，其生产加工过程为：从委托单位接收委托加工的五金件→经营者或其指定人员进行分工派件→员工按要求进行抛光打磨作业→由委托单位进行品质检验→将完成加工五金件送返委托单位。近年来，某五金加工厂每年抛光打磨各类金属管材约 80 万支，主要客户包括某科技（深圳）有限公司（以下简称某科技公司），双方建立长期的加工承揽合同关系。其中，2016 年以来直至事故发生，某五金加工厂接受某科技公司委托，为其抛光打磨自行车铝制管材约 20 万支。

5. 事发时现场人员情况：2016 年 4 月 29 日 16 时许，某五金加工厂员工杨某 1、杨某 2、吴某军、尹某林、雷某、龙某平、龙某发、雷某才、龙某桥、潘某、潘某祥、郑某清等 12 人依次在厂房内北面由东向西 1 至 3 号砂带机、西面由北向南 4 至 10 号砂带机工位上进行金属管材抛光作业。

（二）事故相关单位基本情况

1. 某投资公司，某五金加工厂生产经营场所出租方。经营范围：房地产开发、投资(在合法取得土地使用权的范围内进行房地产开发)、房地产经纪、自有物业出租、物业管理。

2. 公明某工业总公司，某五金加工厂生产经营场所业主。

二、事故发生经过和事故救援情况

(一)事故发生经过

2016 年 4 月 29 日下午，某五金加工厂的 12 名员工分别在该厂在用的 10 台抛光打磨设备上进行金属管材抛光作业，抛光作业产生的粉尘未经除尘器处理，直接经由 10 台非粉尘防爆型的轴流风机吸尘吹入矩形砖槽风道，在风道内形成粉尘云，再由气流正压吹送至室外的沉淀池。

事故发生时，由于 2 号轴流风机的轴承室内部积有铝粉尘，产生异常摩擦阻力，导致轴流风机出现持续滞转，电机持续负载，电机绕组温度不断升高，引燃了通过接线盒引出线进入轴流风机电机内部绕组的铝粉尘，产生的火花吹入矩形砖槽除尘风道，引燃矩形砖槽除尘风道内的粉尘云，发生铝粉尘初始爆炸及二次爆炸。

爆炸产生的冲击波，主要向三个方面传播扩散：

1. 面向厂房顶部传播扩散的冲击波，一部分造成厂房顶部的破坏，另外一部分从厂房顶部反射向下导致吊顶风扇叶片折弯并致使 1~7 号机位工人受到不同程度的烧伤。

2. 沿矩形砖槽方向传播扩散的冲击波，导致 3 号机位置对应的墙体炸裂产生裂缝，矩形砖槽木质顶板部分脱落。

3. 从矩形砖槽风道各轴流风机吸尘口向车间内传播扩散的冲击波，直接导致 2、3 号机位工人瞬间倒地并烧伤。

4. 其余 8~10 号工位的工人受冲击波影响较小，自行逃离。

另经查，深圳市某通信工程有限公司工程队工人事发时正在某五金加工厂屋顶拉接电信光纤线路，与事故发生无关。

(二)救援及现场处置情况

事故发生后，市相关部门启动了应急预案，市委宣传部、市公安局、卫计委、消防监管局、交警局、安监局、应急办等部门按照职责分工开展应急救援处置工作。副市长庆某同志率相关部门及时赶赴现场指挥开展现场救援、人员疏散、交通疏导、外围警戒、伤员救治等工作。

光明新区迅速响应，按照新区突发事件总体应急预案(2016 年修订稿)和新区火灾事故总体应急预案（2016 年修订稿）的相关规定开展应急处置工作。

1. 信息报送情况。事故发生后，新区总值班室于 16 时 26 分左右开始向新区值班领导、主要领导报告事故情况，并于 16 时 31 分开始，向市委值班室、市政府总值班室报告事故情况。

2. 应急响应开展情况。事故发生后，新区应急指挥中心根据新区突发事件总体应急预案（2016 年修订稿）启动了突发事件应急响应。新区主要领导率新区总值班室、安监局、公安分局等部门负责人立即赶赴现场开展应急救援、医疗救治及善后处置工作。

3. 领导批示落实情况。事故发生后，新区主要领导作出批示，要求公安、消防、安监、办事处、社区等单位迅速开展救援工作，首要是抢救人员，全力灭火，并查找原因，做好周边区域控制和人员疏散工作，切实把事故损失降到最低。认真落实兴某书记、许某市长的批示精神，全面开展新区安全生产大排查、大整治。

4. 现场处置工作情况。事故发生后，新区各级各部门立即按照应急预案要求迅速响应，全力开展应急救援工作。一是迅速成立现场指挥部。新区成立了由安监、公安、消防、应急、公明办事处等部门组成的现场指挥部，统一指挥现场救援、人员疏散、交通疏导、外围警戒、伤员救治等工作。二是及时做好人员疏散和现场警戒工作。根据现场指挥部的部署，光明公安分局第一时间在事故现场及外围设立了警戒线，保护事故现场，防止无关人员进入，将周边人员疏散到安全地带，安排警力在主要路口和重点部位值守，防止发生次生事故。同时，公安部门迅速组织警力对周边群众进行了走访调查，及时掌握了该厂的有关情况和相关人员信息，及时控制了相关责任人；交警部门加强了事故现场周边的交通疏导，对沿途及新区人民医院附近交通进行管制，避免因事故救援造成交通拥堵，并在工业园入口设立指示标志，引导抢险救援车辆和人员进入事发现场开展救援工作。三是全力开展事故救援。事故发生后，公明消防中队第一时间出动 8 辆消防车、42 名消防官兵赶赴现场救援，光明消防中队出动了 2 辆消防车、10 名消防官兵进行增援，公安消防大队全勤指挥部也赶到现场指挥灭火救援行动。由于现场被困人员多，消防大队现场指挥员果断下令救人与灭火同时进行的战术，迅速组织两个内攻搜救小组进行内部搜救，及时将被困的人员抢救出来。经消防部门全力扑救，现场明火于 16 时 40 分许被扑灭。四是全力做好伤员救治工作。接报后，新区公共事业局第一时间协调辖区医院出动了 6 辆救护车赶到现场待命，并及时将受伤人员送往医院救治。新区主要领导第一时间赶到医院了解伤员救治情况，并要求新区公共事业局和新区医疗单位要强化组织，全力做好伤员抢救工作，协调市二院专家到新区支援、指导伤员抢救工作。

综上，该起事故信息报送渠道通畅，信息流转及时，应急响应迅速，响应程序正确，未发现救援指挥、作业人员失职、渎职现象。

（三）善后处理情况

新区及有关部门千方百计做好医疗救治、事故伤亡人员家属接待及安抚和赔偿等工作。按照医疗救治、善后安抚两个"一对一"的要求，对遇难者家属、受伤人员及其家属全力开展善后工作，保持了社会稳定。市卫生计生委高度重视医疗救治工作，及时调派专家和救护车到现场抢救伤员，并紧急调集国家、省、市各方医疗专家、器械、药品投入救治工作。截至 2016 年 8 月 19 日，尚有 3 名伤员在医院治疗，病情基本稳定。

三、事故原因

（一）直接原因

事故车间未按标准规范设置除尘系统，未经除尘器处理的铝粉尘直接采用非粉尘防爆型电机的轴流风机，将铝粉尘吸尘吹入矩形砖槽除尘风道，在矩形砖槽除尘风道内形成粉尘云，轴流风机电机持续负载电机绕组高温引燃的火花吹入矩形砖槽除尘风道，因而形成了粉尘爆炸危险环境，具备了粉尘爆炸的五要素，引发爆炸。粉尘爆炸的五要素包括：可燃粉尘、粉尘云、引火源、助燃物、空间受限。

1. 可燃性粉尘：事故车间打磨的铝制品主要成分为 90% 的铝，镁、铁等含量各为 0.1%～1%。打磨铝制品产生的铝粉尘经实验测试，该粉尘为爆炸性粉尘。矩形砖槽除尘风道内粉尘的粉尘爆炸性：粉尘层最低着火温度>400℃（5mm），粉尘层最小着火能量为 50.15～107mJ，粉尘云最低着火温度 640℃，粉尘云爆炸下限 40g/m³<C_{min}<80g/m³（C_{min}，最小浓度）。

2. 粉尘云：事故车间的 10 台砂带机打磨铝制品产生的铝粉尘，经由 1～10 号轴流风机吸尘吹入矩形砖槽除尘风道，铝粉尘在矩形砖槽除尘风道内形成粉尘气流及粉尘云。

3. 点火源：

（1）2 号轴流风机电机为非粉尘防爆型设备，铝粉尘从接线盒引出线孔进入电机内部绕组。

（2）2号轴流风机的轴承室内部进有铝粉尘，轴承内部有金属剥离物掉落，出现异常摩擦阻力，轴流风机出现持续滞转，电机持续过负载。

（3）2号轴流风机的电机在持续负载状况下，电机绕组产生高温引燃进入电机绕组的铝粉尘，电机的三相绕组均已烧黑、绝缘材料炭化，电机后端盖内表面有四分之三烧黑。

（4）2号轴流风机电机持续负载电机绕组高温引燃的火花吹入矩形砖槽除尘风道。

4. 助燃物（氧）：轴流风机将大量空气吹入矩形砖槽除尘风道内，矩形砖槽除尘风道内形成的气流支持了爆炸发生。

5. 相对密闭的空间：

（1）矩形砖槽除尘风道的截面尺寸为：长41.7m、宽1.4m、高2m，风道的总长度为：41.7m，容积116.76m³。

（2）矩形砖槽除尘风道的内部是有限空间，风道结构：上盖固定木板，两侧为砖墙。

（二）间接原因

1. 某五金加工厂安全生产主体责任不落实，安全管理不到位，违法违规组织生产，对事故发生负有主要责任。

（1）生产车间不具备安全生产条件。发生事故的铁皮房为违法建筑，未经建设工程竣工验收、消防验收，未申请环境保护竣工验收，未履行建设项目安全设施"三同时"程序，不满足GB 50016《建筑设计防火规范》和GB 15577《粉尘防爆安全规程》的要求。

（2）生产车间未按标准规范设计、安装、使用和维护通风除尘系统，未按GB 50058《爆炸和火灾危险环境电力装置设计规范》和AQ 3009《危险场所电气防爆安全规范》规定安装、使用防爆电气设备，未按规定配备防静电工装等劳动保护用品。

（3）主要负责人和管理人员不具备与本单位所从事的生产经营活动相应安全生产知识和管理能力；未建立安全生产责任体系，未健全落实安全管理规章制度。

（4）未依法设置安全生产管理机构或配备专职安全生产管理人员；未落实从业人员安全生产三级培训，未对粉尘爆炸危险岗位的员工应进行专门的安全技术和业务培训，造成员工对铝粉尘存在爆炸危险没有认知。

（5）未依法建立隐患排查治理制度，未依法组织安全检查和开展日常或专业性等隐患排查，无隐患排查治理台账，对铝粉尘爆炸危险未进行辨识，缺乏预防措施；对有关部门检查发现的安全隐患未有效整改，导致安全隐患长期存在。

（6）未按照 GB 15577《粉尘防爆安全规程》的要求建立定期清扫粉尘制度，未及时清除除尘风道内的积尘。

2. 某投资公司将不符合国家规定、不具备粉尘加工场所所需安全条件的铁皮房出租给不具备安全生产条件的某五金加工厂；未对某五金加工厂的安全生产统一协调管理，未及时督促某五金加工厂整改存在的安全隐患，对事故发生负有重要责任。

3. 公明某工业总公司将不符合国家规定、不具备安全生产条件的铁皮房对外出租，且未及时制止某投资公司将铁皮房出租给不具备安全生产条件的某五金加工厂。同时，多次巡查发现安全隐患，但未及时督促某五金加工厂落实整改，对事故发生负有一定责任。公明某工业总公司作为公明办事处的下属企业，违反安全生产法律法规将不具备安全生产条件的铁皮房对外出租。根据《公明办事处党政领导干部及部门单位安全生产"一岗双责"职责规定》，"社区居委会、办事处属企业和工业园管理处负责辖区内的安全隐患巡查工作，发现隐患及时督促整改，协助相关职能部门进行整治"。公明某工业总公司在田寮社区第一工业区设有管理处，负责日常的治安及安全生产管理工作。2009 年至 2016 年，工业区管理处每年对某五金加工厂开展多次安全隐患排查，每次均发现多项安全隐患，但是没有督促其整改到位。在 2014 年以来开展的粉尘企业专项治理工作中，田寮社区第一工业区管理处也没有将某五金加工厂纳入粉尘企业的台账，上报街道安监部门，工作严重失职。

4. 政府有关部门监管不到位：

（1）公明办事处安监办对某五金加工厂监管不力，安监办工作人员因在检查过程中收受现金贿赂而放弃坚守。公明办事处安监办自 2013 年起每年对某五金加工厂开展安全生产督查及复查工作，每次检查都发现存在多项安全隐患，特别是存在"粉尘车间未经相关部门检测"等严重安全隐患，安监办工作人员没有督促该厂整改到位，也未将该厂纳入粉尘企业进行专项治理。2016 年 4 月 13 日，公明办事处安监办的安全生产督查人员袁某锋（督查组组长）等一行 4 人在对某五金加工厂检查时，发现该厂存在粉尘抛光车间未经检测的严重安全隐患，现场责令该厂立即停电停止生产作业。检查结束后。袁

某峰向安监办领导汇报了检查情况，并完成了查封某五金加工厂的内部审批手续，准备对某五金加工厂进行正式查封。4月14日，某五金加工厂经营者王某之妻李某平通过工业区物业管理处主任陈某轩找到袁某锋，请求其给予关照，同意让她接通电源恢复生产，并给了袁某锋3000元的红包。在收取3000元的红包后，直至"4·29"爆炸事故发生，袁某锋都没有提请安监办组织安排人员对该厂进行正式查封。

（2）光明市场监督管理局市场监管四科（现"监督管理科"）履职不到位，未依法查处某五金加工厂无证无照经营行为。公明安全管理委员会办公室于2013年6月4日向光明市场监督管理局市场监管四科移送了在田寮社区第一工业区西南角铁皮房从事五金件加工的某五金加工厂涉嫌无证无照经营，并存在安全隐患的信息（《关于移交重大无证照经营行为信息的函》（NO：2013MZF041））。某五金加工厂无证无照经营，且经营场所是违法建筑，理应被查封，而光明市场监督管理局市场监管四科没有按照《无照经营查处取缔办法》（国务院令 第370号）、《工商行政管理机关行政处罚程序规定》（工商总局令 第28号）的规定在7个工作日内到现场对某五金加工厂予以核查，导致该厂无证无照经营的违法行为没有得到及时查处。2013年8月8日，某五金加工厂老板王某申请办理了营业执照，注册经营地址为新区公明街道田寮社区第一工业区（经查，该地址为虚构），实际经营场所仍然是在田寮社区第一工业区西南角铁皮房，直至"4·29"爆炸事故发生。2013年8月16日，光明市场监督管理局市场监管四科复函公明安全管理委员会办公室，称"经认真检查，某五金加工厂已办理了营业执照"。

（3）新区安监局对公明办事处安监办业务指导、督促不力，对其未有效履行监管职责的问题失察。粉尘防爆工作是工贸行业遏制重特大事故的重要行业领域，是纳入国家安监总局2014年、2015年和2016年专项整治的重要内容。新区安监局对防范粉尘爆炸的重要性认识不到位，对辖区内粉尘企业基础情况掌握不够准确，措施不到位，对公明办事处安监办业务指导、督促不力，对其未有效履行监管职责的问题失察。

四、责任认定及责任者处理的建议

根据事故原因调查和事故责任认定，依据有关法律法规和政纪规定，对事故有关责任单位和人员提出处理意见：

公安机关已对2名企业人员采取刑事强制措施，另外，事故调查组建议追究企业人员刑事责任 1 名；建议由检察机关依法立案查处的政府单位人员 1 名；建议对 3 家企业及 1 名企业人员给予行政处罚处理；建议给予政纪处分人员 6 人，其中，企业人员 2 人，政府单位人员 4 人；建议对 4 名政府单位人员给予问责处理；建议对 4 名人员给予移交相关单位处理，其中，政府单位人员 3 名，企业人员 1 名。

事故调查组建议责令公明办事处、光明市场监督管理局、新区安监局和新区管委会做出深刻检查。

（一）建议给予追究刑事责任的人员

1. 企业人员（3 人）。

（1）李某平，某五金加工厂经营者王某之妻，事发时某五金加工厂实际管理人，在政府监管部门要求停电停止作业后，贿赂监管人员，擅自合上电闸继续组织非法生产，对事故发生负有主要责任，其行为涉嫌犯罪。建议由市公安局移送司法机关处理。

（2）王某，个体工商户，某五金加工厂经营者，2008 年开始租用铁皮房，在不具备安全生产条件的情况下，长期违法违规组织生产，对事故发生负有主要责任，其行为涉嫌犯罪。建议由市公安局移送司法机关处理。

（3）钟某新，深圳市某投资发展有限公司总经理（法定代表人），将涉案铁皮房这一不符合国家规定的生产经营场所出租给不具备安全生产条件的某五金加工厂，对事故发生负有重要责任，其行为违反了《安全生产法》第四十六条的规定，并涉嫌犯罪。建议由市公安局移送司法机关处理。

2. 政府单位人员（1 人）。

袁某锋，2008 年 7 月至今就职于新区公明办事处安监办，职务是第十督查组组长，负责督查田寮社区第一工业区安全生产情况及隐患整改落实情况。

袁某锋于 2015 年 4 月 20 日、4 月 23 日以及 2016 年 4 月 13 日带队对某五金加工厂进行过三次检查，每次检查都发现多项安全隐患，但均未督促该厂整改到位，也没有采取其他强制措施。2016 年 4 月 13 日检查发现存在粉尘抛光车间未经相关部门检测的严重安全隐患，现场责令该厂停电停止生产作业，让企业等待查封；但是 2016 年 4 月 14 日，某五金加工厂经营者王某之妻李某平，通过工业区物业管理处的陈某轩主任找到袁某锋，请求其给予关照，并给了袁某锋 3000 元的红包，直至"4·29"爆炸事故发生前，袁某锋没有组织该组督查员对该厂进行查封。袁某锋工作失职渎职，建议由检察机关依法立案查处；新区纪检监察局督促有关部门落实解除其聘用合同。

（二）建议给予行政处罚的单位和人员

1. 建议给予行政处罚的企业（3 个）。

（1）某五金加工厂，安全生产主体责任不落实，安全管理不到位，在不具备安全生产条件的场所，违法违规组织生产，对事故发生负有主要责任。建议由新区安监部门根据《安全生产法》第一百零九条，对该公司处罚款 100 万元。

（2）某投资公司，将铁皮房出租给不具备安全生产条件的某五金加工厂；未对某五金加工厂的安全生产统一协调管理，与某五金加工厂签订《安佳工业园工厂企业安全生产管理责任书》后，未监督其落实安全生产有关内容，未及时督促某五金加工厂整改存在的安全隐患，对事故发生负有重要责任。建议由新区安监部门根据《安全生产法》第一百零九条，对该公司处罚款 100 万元。

（3）公明某工业总公司，将不具备安全生产条件的铁皮房对外出租，且未及时制止某投资公司将铁皮房出租给不具备安全生产条件的某五金加工厂，与某五金加工厂签订《公明办事处工矿商贸企业安全管理责任书》后，未监督其落实有关内容，未督促某五金加工厂落实整改有关安全隐患，对事故发生负有一定责任。建议由新区安监部门根据《安全生产法》第一百零九条，对该公司处罚款 100 万元。

2. 建议给予行政处罚的人员（1 人）。

黄某兴，公明某工业总公司总经理（2009 年 7 月任现职），对未制止某投资公司出租铁皮房给不具备安全生产条件的某五金加工厂负领导责任，其行为违反了《安全生产法》第四十六条的规定。建议由新区安监部门根据《安全生产法》第一百条，对其处罚款 2 万元。

（三）建议给予政纪处分的人员

1. 企业人员（2 人）。

（1）黄某兴，2009 年 7 月至今担任公明某工业总公司总经理，是田寮社区第一工业区安全生产第一责任人。公明某工业总公司违反安全生产法律法规，将不具备安全生产条件的铁皮房对外出租；田寮社区第一工业区忽视安全管理，多次检查到某五金加工厂存在的重大安全隐患，但是没有督促其整改到位。黄某兴作为主要领导，工作失职，根据《安全生产领域违法违纪行为政纪处分暂行规定》第十二条，建议由市监察局给予其行政记过处分。

（2）黑某，2013 年 7 月起担任新区公明街道工业总公司副总经理，具体负责安全事务的日常管理工作，其所负责的田寮社区第一工业区忽视安全管理，多次检查到某五金加工厂存在的重大安全隐患，但是没有督促其整改到位；在近年来开展的粉尘企业专项治理工作中，工业区也没有将某五金加工厂纳入粉尘企业的台账上报街道安监部门。黑某工作严重失职，根据《安全生产领域违法违纪行为政纪处分暂行规定》第十二条，建议由市监察局给予其行政记大过处分。

2. 政府单位人员(4 人)。

(1) 叶某宏，2013 年 11 月至今任新区公明安全生产监督管理办公室主任，负责安监办全面工作。叶某宏对组织开展粉尘企业专项治理工作落实不到位，队伍管理监督不到位，对"4·29"爆炸事故的发生负有领导责任。叶某宏工作失职，其行为违反《公务员法》第五十三条的规定，根据《安全生产法》第八十七条、《行政机关公务员处分条例》第二十条，建议由市监察局给予其行政记过处分。

(2) 麦某雄，2015 年 6 月至今任新区公明安全生产监督管理办公室副主任，分管督查工作，负责对督查队伍和督查业务的具体管理。安监办督查组多次检查到某五金加工厂存在粉尘抛光车间未经检测的严重安全隐患，没有督促其进行有效整改。

2016 年 4 月 13 日，督查组组长袁某峰带队在完成对某五金加工厂的检查并做出临时停电停业处理措施后，作为分管督查业务的安监办副主任麦某雄也签批同意对某五金加工厂正式查封。但安监办督查组一直未对某五金加工厂进行查封，直至"4·29"爆炸事故发生。麦某雄工作失职，对没有落实查封情况失察，其行为违反《公务员法》第五十三条的规定，根据《安全生产法》第八十七条、《行政机关公务员处分条例》第二十条，建议由市监察局给予其行政记大过处分。

(3) 文某明，现任光明市场监督管理局监督管理科科长，2010 年 11 月至2015 年 4 月担任光明市场监督管理局市场监管四科科长期间，对查处无证无照经营工作组织和监督不力，队伍管理监督不到位，对某五金加工厂无证无照经营违法行为没有及时查处。文某明工作失职，其行为违反《公务员法》第五十三条的规定，根据《行政机关公务员处分条例》第二十条，建议由市监察局给予其行政警告处分。

(4) 龙某平，2016 年 4 月至今担任光明市场监督管理局公明所负责人。2011 年 3 月至 2015 年 2 月担任光明市场监督管理局市场监管四科执法一队队长，负责田寮社区第一工业区日常监管工作。2013 年 6 月初，龙某平在接到公明安监办关于某五金加工厂涉嫌无证无照经营的移送函后(《关于移交重大无证照经营行为信息的函》(NO：2013MZF041))，没有依法组织该队执法员到现场予以核查，没有对无证无照经营，且经营场所是违法建筑的某五金加工厂进行查封。龙某平工作失职，其行为违反《公务员法》第五十三条的规定，根据《行政机关公务员处分条例》第二十条，建议由市监察局给予其行政记过处分。

（四）建议给予问责处理的单位和人员

1. 建议给予问责处理的政府单位(4个)。

（1）光明新区管委会，作为属地辖区政府，安全生产监管职责落实不到位，贯彻执行安全生产法律法规和政策规定以及上级的安全生产工作部署要求不到位，督促有关部门落实安全生产责任制不力。建议责令光明新区管委会向深圳市政府做出深刻书面检查。

（2）公明办事处，作为辖区安全生产的责任单位，对辖区内存在安全隐患排查整治不彻底，对事故的防范、发生负有监督不力的责任。建议责令公明街道办事处向光明新区管委会做出深刻书面检查。

（3）光明市场监督管理局，作为查处无证无照经营的主要监管单位，对某五金加工厂无证无照经营的违法行为没有得到及时查处负有监督不力的责任。建议责令光明市场监督管理局向市市场和质量监督管理委员会做出深刻书面检查。

（4）光明新区安监局，作为辖区的安全监管部门，对辖区内粉尘企业摸底排查不到位，对公明办事处安监办业务指导、督促不力，对其未有效履行监管职责的问题失察，对事故的防范、发生负有监督不力的责任。建议责令光明新区安监局向光明新区管委会做出深刻书面检查。

2. 建议给予问责处理的人员(4人)。

（1）张某群，2014年8月至今担任新区公明工作委员会委员、书记、新区公明办事处主任。张某群对辖区安全生产工作存在的问题失察，建议由市监察局对其进行训诫处理，并责令其向光明新区管委会做出深刻书面检查。

（2）张某，2015年12月至今担任新区公明办事处副主任，分管安全生产工作，对辖区安全生产工作存在的问题失察，鉴于其分管安全生产工作时间较短，建议由市监察局责令其向公明办事处做出深刻书面检查。

（3）李某男，2014年12月至今任新区应急办主任、安委办主任、安监局局长。对粉尘防爆专项整治工作落实不到位，对辖区安全生产工作存在的问题失察，建议由市监察局对其进行训诫处理，并责令其向光明新区管委会做出深刻书面检查。

（4）谭某宇，2015年11月任新区应急办主任、安委办副主任、安监局副局长。对粉尘防爆专项整治工作落实不到位，对辖区安全生产工作存在的问题失察，鉴于其任职时间较短，建议由市监察局责令其向光明新区安监局做出深刻书面检查。

（五）建议由相关单位处理的人员（4人）

1. 沛某，2015年4月至今就职于新区公明办事处安监办，职务是督查员，负责督查田寮社区第一工业区安全生产情况及隐患整改落实情况。麦沛彬于2015年4月20日、4月23日以及2016年4月13日对某五金加工厂进行过三次检查，每次检查都发现多项安全隐患，但未督促该厂整改到位，也没有采取其他强制措施。2016年4月13日检查发现存在粉尘抛光车间未经检测的严重安全隐患，现场责令该厂停电停止生产作业，让企业等待查封，但直至"4·29"爆炸事故发生时，仍未对该厂进行查封。麦沛彬工作严重失职，建议光明新区纪检监察局督促有关部门落实解除其聘用合同。

2. 麦某鹏，2015年3月至今就职于新区公明办事处安监办，职务是督查员，负责督查田寮社区第一工业区安全生产情况及隐患整改落实情况。麦某鹏于2015年4月20日、4月23日以及2016年4月13日对某五金加工厂进行过三次检查，每次检查都发现多项安全隐患，但未督促该厂整改到位，也没有采取其他强制措施。2016年4月13日检查发现存在粉尘抛光车间未经检测的严重安全隐患，现场责令该厂停电停止生产作业，让企业等待查封，但直至"4·29"爆炸事故发生时，仍未对该厂进行查封。麦某鹏工作严重失职，建议光明新区纪检监察局督促有关部门落实解除其聘用合同。

3. 张某山，2011年3月至今工作于新区公明办事处安监办，职务是督查员，负责督查田寮社区第一工业区安全生产情况及隐患整改落实情况。张某山于2015年4月20日、4月23日以及2016年4月13日对某五金加工厂进行过三次检查，每次检查都发现多项安全隐患，但未督促该厂整改到位，也没有采取其他强制措施。2016年4月13日检查发现存在粉尘抛光车间未经检测的严重安全隐患，现场责令该厂停电停止生产作业，让企业等待查封，但直至"4·29"爆炸事故发生时，仍未对该厂进行查封。张某山工作严重失职，建议光明新区纪检监察局督促有关部门落实解除其聘用合同。

4. 张某光，2004年起担任光明新区公明街道工业总公司综合办主任，负

责田寮社区第一工业区安全生产管理等工作。田寮社区第一工业区忽视安全管理，安全监管形同虚设，多次检查到某五金加工厂存在的重大安全隐患，但未督促该厂整改到位，也没有采取其他强制措施；在近年来开展的粉尘企业专项治理工作中，工业区也没有将该厂纳入粉尘企业的台账，上报至街道安监部门。张某光工作严重失职，建议光明新区纪检监察局督促有关部门落实解除其劳动合同。

五、防范建议

1. 切实落实生产经营单位安全生产主体责任，认真开展隐患排查治理和自查自改，要按标准规范设计、安装、维护和使用通风除尘系统，必须定时规范清理粉尘，使用防爆电气设备，落实防静电等技术措施，配备铝镁等金属粉尘生产、收集、贮存防水防潮设施，加强对粉尘爆炸危险性的辨识和对员工粉尘防爆等安全知识的教育培训，建立健全粉尘防爆规章制度，严格执行安全操作规程和劳动防护制度。把安全生产"一岗双责"制度落实到生产、经营、建设管理的全过程，做到安全投入到位、安全培训到位、基础管理到位、应急救援到位，确保安全生产。

2. 持续深化粉尘防爆专项整治，要按照"全覆盖、零容忍、严执法、重实效"的要求，全面排查、摸清底数，建立粉尘涉爆企业基础台账，健全"一地一册、一企一档、一隐患一措施"制度，做到企业基本情况全掌握、执法检查有记录、隐患整改有档案，实现闭环管理。对粉尘涉爆企业的非法违法行为，做到发现一起，查处一起，监督整改到位一起，坚决把隐患消除在萌芽状态。对未落实自查自改要求、隐患整改不到位的企业，一律不得恢复生产；对不符合建筑规范设计、不符合法定安全生产条件和存在重大安全隐患的作业场所，要立即采取强制手段，坚决依法予以拆除；对不符合有关法律法规和规章标准以及不具备安全生产条件的粉尘涉爆企业，坚决依法予以关闭和取缔。

3. 加强粉尘爆炸安全宣传培训。加强对各级安全监管部门特别是基层监管人员粉尘防爆知识的业务培训，使监管人员全面掌握粉尘防爆基本知识、安全检查的重点内容和检查方法。督促粉尘涉爆企业认真组织开展涉粉尘从业人员全员培训，学习掌握本单位粉尘危害特性及《严防企业粉尘爆炸五条规定》《粉尘防爆安全规程》等标准规范和操作规程，提高从业人员对粉尘涉爆作业危险性的认识和安全防范意识。要充分发挥群防群治作用，鼓励市民通过

"12350"有奖举报电话等渠道举报粉尘涉爆企业安全隐患，加大对举报非法违法生产等重大安全隐患的奖励力度。

4. 加强对物业出租的安全生产管理。要进一步明确物业出租者和承租经营者的安全责任。督促双方签订安全生产协议，明确双方的安全职责。严禁物业出租者将房屋出租给无牌无证的从事非法生产经营活动的单位和个人。物业出租者应切实履行安全管理职责，发现经营者从事不安全生产经营活动，要督促经营者及时整改，对履行安全管理职责不到位，导致出租物业发生安全生产事故的一律从重处罚。

5. 加强对外包转移粉尘涉爆等危险性工艺行为的监管。加强对企业将粉尘涉爆等危险性工艺委托转移给不具备安全生产条件的单位和个人行为的监管；实施"一案双查"制度，严格追究发生安全生产事故的受托单位和个人责任的同时，对外包转移危险性工艺导致事故发生的企业实施约谈，督促其切实承担安全生产的社会责任；拒不服从管理的，纳入"黑名单"，列为日常安全生产重点监管对象，发现存在安全生产违法行为的，要依法依规从重处罚。

6. 加强对街道安监部门的队伍管理。整合资源，增加一线执法人员，适应基层依法监管的需要，强化依法行政意识，严格规范执法，建立健全抽查和定期考核制度，确保工作依法落实到位，梳理廉政风险点，完善监督制约机制，建立"不易腐"的廉政风险防控机制。

第四章　金属制品加工（其他金属）粉尘

案例 11　江西省鹰潭市某金属科技公司"8·23"爆炸事故❶

2019 年 8 月 23 日，江西省鹰潭市某金属科技有限公司(以下简称某金属科技公司)在调试环保除尘设施过程中，发生一起粉尘燃烧爆炸事故，造成 1 人死亡、8 人受伤，其中某环保公司 1 人死亡、3 人受伤；铜循环经济基地干部 1 人受伤；应急消防队员 4 人受伤。直接经济损失 300 余万元。

一、事故单位概况

(一)事故相关企业基本情况

1. 衢州市某环保科技有限公司(以下简称某环保公司)经营范围：环保技术研发、技术咨询、技术转让、冶金设备、自动化成套设备、环保设备生产、销售、货物进出口。

2018 年 11 月 10 日，某金属科技公司与某环保公司共同签订了一份销售安装合同，共建设熔炉组、前处理线、铝灰处理线，三组系统共计人民币9647200 元整。2018 年 12 月 10 日又与衢州某 1 环保科技有限公司(某 1 环保公司)签订了建设三套布袋除尘设施合同，共计人民币 2019.5 万元。合同签订后即支付合同款额的 10% 作为定金，除尘器主体开始施工后支付合同款总额的 30%，设备安装完成支付 20%，试生产使用 1 个月无异常完成验收即支付合同款总额的 35%，剩余 5% 作为质保金(质保期 1 年)。在供方开出许可生产通知书后，需方在 2 个月无法安排试生产，应支付合同款总额的 10% 货款作初步验收款，上述款项在供方付款申请发出后的 3 个工作日内付清。本合同所有款项支付完成，最迟不应晚于 2020 年 3 月 30 日。合同指定的施工工期

---

❶ 来源：山东省轻工业安全生产管理协会官方网站。

为定金支付后的 3.5 个月，设备的所有权在设备完成验收前，设备的所有权归供方拥有。

2. 某金属科技公司"年产 10 万 t 铝合金锭项目"经贵溪市发改委于 2017 年 9 月 4 日予以备案，共投资 9600 万元，占面积 67 亩。该项目坐落于鹰潭（贵溪）铜产业循环经济基地，经营范围：新型金属材料的技术咨询、技术转让、技术开发、技术服务；铝型材、铝制品制造、销售；废旧金属、废旧物资的回收与批发。2017 年 9 月 6 日取得相关证件，2019 年 5 月下旬厂房建成，6 月 2 日开始设备调试试运行。

（二）事故相关设备基本情况

55t 熔化双室炉及烟气布袋除尘设施其生产工艺是：铝料→输送带→炉内烟气经管道→火星捕集器→布袋除尘器→经烟囱外排。除尘器箱体下方螺旋机主要是通过布袋将熔炼过程中产生的高温灰尘，用脉冲设备打入除尘器底部，然后再通过螺旋机把金属粉尘和烟气分离，烟气通过烟道上排，金属粉尘通过漏斗流出然后装入布袋收集。

2019 年 8 月 21 日，余某刚（某环保公司机械助理工程师）在设备运行检查中，发现 3#除尘器螺旋机已损坏，当时未引起重视，暂未列入检修计划，致使除尘器无法自动卸除布袋箱体内处理后的高温铝灰，导致除尘器箱体内烟灰大量积存。

（三）事故相关粉尘检测情况

事故发生后，贵溪市消防救援大队对火场残留物除尘灰，分别从 2#除尘设备和 3#除尘设备内壁、漏斗口、绞笼内提取样本，送应急管理部消防救援局天津火灾物证鉴定中心进行元素鉴定。鉴定结果：送检物质内含有铝粉、硅粉等涉爆粉尘及其他金属粉尘。

二、事故发生经过和事故救援情况

2019 年 8 月 23 日上午 9 时 40 分左右，某金属科技公司隔壁君盛达公司的王某国在微信群里发了一段视频说某金属科技公司除尘设备上方冒黑烟，张某惠（某金属科技公司法人代表）看到后，就在厂内部群用微信叫王某（公司总经理）和腾某金（机修班长）赶过去看看冒烟是怎么回事。随后，张某惠也随即赶去现场，走到现场发现除尘箱体内着火，张某惠吩咐员工把风机和所有除尘器的电路关掉，储气罐的气排空，再通知安装厂家过来抢修。当时，除尘器下方检修口只有一些小火，地面上也有几堆小火。这时王某林（某环保公

司受害人)赶紧推着氧气、乙炔过来说要把箱体割开,王某赶紧叫郑某去阻止,说割开了有风进去火会烧得更大,并叫员工用灰渣把地上的几堆小火扑灭了,但除尘器下方检修口的火仍未灭。这时消防队员及管委会和环保部门相关人员赶到了现场,并参与救火,叫人把电全部关掉,开始灭火,先用干粉把除尘器下方检修口的明火扑灭,几分钟后箱体下方检修口缝隙中又冒出明火,大家一起合力灭火。此时,王某林突然快步窜至除尘器顶部掀开盖板,然后迅速跑了下来,现场人员根本来不及去劝阻,过了一会儿,约 10 时许,突然"砰"的一声,除尘器发生爆炸,除尘器底部炸裂,致使 3#除尘器螺旋机直接掉在地面,爆炸溅起炭黑,灼伤多人,随后大家赶紧把受伤人员送往医院急救,其中王某林经抢救无效死亡。

三、事故原因

(一) 直接原因

根据起火部位燃烧痕迹,除尘器工作条件及同类事故案例分析,企业使用的除尘器布袋(涤纶拒水防油针制毡)为可燃物,确定最初着火性质为除尘器布袋。除尘器布袋为上海博格工业用布有限公司生产,产品可燃,允许连续工作温度≤130℃,允许瞬间工作温度≤150℃,高温烟灰加上当天气温较高(27~37℃),高温烟灰堆积导致布袋高温着火。除尘器内布袋着火后引燃除尘器底部的堆积粉尘燃烧,放出大量浓黑烟气。王某林(某环保公司员工)趁救火人员忙于救火之际,擅自窜至 3#除尘器仓顶,掀开盖板,导致大量新鲜空气注入除尘器内,形成爆炸性粉尘环境,遇火源引起粉尘爆炸,是导致事故发生的直接原因。

(二) 间接原因

2019 年 8 月 21 日上午,余某刚(某环保公司助理工程师)在设备运行检查中,发现了 3#除尘器螺旋机已损坏,无法自动卸除布袋箱体内处理后的铝灰,未引起重视,未列入检修计划,导致除尘器箱体内可燃粉尘大量积存,是导致事故发生的间接原因。

四、责任认定及责任者处理的建议

(一) 对事故相关责任人的处罚建议

1. 王某林,某环保公司机修工,擅自掀开环保设备顶盖,导致大量新鲜空气注入除尘器内,形成爆炸性粉尘环境,导致引起粉尘爆炸,对该起事故负有直接责任，鉴于其在事故中死亡，建议免于处罚。

2. 余某刚，某环保公司机械工程师，对机械故障未及时列入检修计划，致使生产设备处于不安全状态，对该起事故负间接责任，依据《安全生产法违法行为行政处罚办法》第四十四条第一款第三项规定，建议处以人民币 1 万元的罚款。

3. 童某妹，某环保公司主要负责人，未依法履行安全生产管理职责，员工安全意识淡薄，现场安全管理不到位，对该起事故负主要领导责任，依据《安全生产法》第九十二条第一款第一项规定，建议处以其上年度年收入 30% 的罚款。

（二）对事故相关责任单位的处罚建议

1. 某环保公司，安全生产主体责任不落实，安全管理不到位。未对危险性较大的分部分期工程(除尘设施)编制专项施工方案。未教育和督促从业人员严格执行安全操作规程的安全生产规章制度，并向从业人员如实告知作业场所和工作岗位存在的危险因素、防范措施以及事故应急措施，对事故的发生有主要责任，依据《安全生产法》第一百零九条第一款第一项规定，建议处以 30 万元的罚款。

2. 某金属科技公司，未正确履行企业安全生产管理职责，在两个以上生产经营单位在同一作业区域内进行生产经营活动，未指定专职安全生产管理人员进行安全检查与协调，负该起事故的次要责任，依据《安全生产法》第一百零九条第一款第一项规定，建议处以 20 万元罚款。

五、防范建议

1. 严格落实企业安全生产主体责任，开展隐患排查与治理，进一步强化安全生产红线意识，牢固树立科学发展、安全发展理念。

2. 根据企业自身工艺、设备、粉尘等制定安全管理制度、安全操作规程及应急处置措施，防止粉尘爆炸事故的发生。

3. 开展粉尘爆炸安全教育与培训，普及粉尘防爆安全知识和有关法规、标准，使员工了解本企业粉尘爆炸危险场所的危险程度和防爆措施，企业主要负责人及安全管理人员应经培训，并经考试合格方准上岗。

4. 加强安全生产事故应急处置能力建设，定期开展应急演练，切实提高应急处置能力，大力普及粉尘火灾爆炸应急处置知识和技能，提高自救互救能力。

案例12　广东省东莞市东坑镇某电机公司"5·24"燃爆事故❶

2019年5月24日，广东省东莞市东坑镇某电机有限公司(以下简称某电机公司)拉丝车间发生一起因安全主体责任不落实而引发粉尘燃爆事故，事故共造成2人受伤，直接经济损失约57.7万元。

一、事故单位概况

1. 某电机公司经营范围：研发、生产、销售：电机制品、五金制品、塑胶制品、电子产品；货物进出口、技术进出口。

2. 事故厂房为钢筋混凝土结构工业厂房，主体建筑共4层，事故发生在一楼拉丝车间及车间外除尘系统，现场风机和除尘器连接管路、除尘设备、除尘器顶部排风管路均有明显变形。

3. 现场勘察情况及鉴定意见：拉丝区车间建成于2017年3月，车间设置5台手工砂带打磨设备，设备购买于2017年3月。车间加工产品为电脑散热片，材质为6061T5型铝合金。主要成分见表4-1。

表4-1　6061T5型铝合金成分表

序号	成分	含量/%	序号	成分	含量/%
1	铜 Cu	0.15~0.4	6	钛 Ti	0.15
2	锰 Mn	0.15	7	硅 Si	0.4~0.8
3	镁 Mg	0.8~1.2	8	铁 Fe	0.7
4	锌 Zn	0.25	9	铝 Al	余量
5	铬 Cr	0.04~0.35			

车间工艺为打磨。5台打磨设备设置10个作业岗位。打磨产生的粉尘通过管路收集至除尘系统。车间外设置旋风除尘设备一台。设备采用正压吹送粉尘，正压风机和除尘器相连的管路采用方形管路，除尘器下方未设置锁气卸灰装置，通过一个可以开启的圆柱形粉料仓收集粉尘。除尘后的气体通过旋风除尘器上方的圆形管路排至大气。

拉丝区车间现场产品货箱、除尘软管、设备周边电气设施及线路被烧毁(见图4-1)，管道内部、墙面有被烧黑碳化痕迹(见图4-2)。

车间外除尘设备区域，与车间相邻的窗户玻璃有明显炸裂变形(见图4-3)。

---

❶ 来源：东莞市应急管理局官方网站。

风机和除尘器连接管路、除尘设备、除尘器顶部排风管路均有明显炸裂变形（见图4-4）。

图4-1　拉丝区电气线路烧毁

图4-2　拉丝区屋顶

图4-3　窗户玻璃炸裂痕迹

图4-4　风机后端方型管道炸裂痕迹

二、事故发生经过和事故救援情况

（一）事故发生经过

2019年5月24日11时许，东莞市东坑镇某电机公司拉丝车间正在生产作业，车间外除尘系统由于风机叶轮、机壳、转轴上积累了大量的铝合金粉尘，风机内铝粉的堆积导致叶轮与机壳之间的间隙减小，产生机械摩擦，机械摩擦产生高温或火星点燃了粉尘，并通过气流进入风机后端的方形管路和旋风除尘器中，导致除尘系统及风管内的粉尘发生燃烧。

（二）应急救援处置情况

2019年5月24日11时05分接报后，东坑消防大队、东坑应急管理分局等有关部门相继到达现场救援，大约8min后，火灾基本扑灭，随后进行火场清理。事发时现场有10名工人，其中2人受到表皮灼伤，受伤人员被紧急送

往东坑医院治疗，当天分别被送往市人民医院和东华医院治疗。接到报告后，东坑镇领导立即赶赴现场，指挥事故救援工作，并部署善后处置工作，相关部门现场部署到位，过程中未造成次生事故。

三、事故原因

（一）直接原因

某电机公司一楼拉丝车间的除尘系统采用正压风机，风机风量不足，风机和除尘管路内存在大量集尘；事故发生时，拉丝区车间正在进行打磨作业，除尘系统及通风管道内存在大量的可燃性粉尘，浓度达到了燃爆下限；由于风机风叶旋转时产生火花，经过风机吹送至旋风除尘器内，引起除尘器发生燃爆，是导致事故发生的直接原因。

（二）间接原因

1. 除尘系统存在缺陷。某电机公司拉丝车间的除尘系统采用正压吹送粉尘，且未采取可靠的防范点燃源的措施；铝镁等金属粉尘的干式除尘系统未规范设置锁气卸灰装置，所有收集的铝合金粉尘在清扫前均保存在旋风除尘器中；干式除尘系统未规范采用隔爆等防爆措施。

2. 某电机公司安全责任制不落实。未健全本单位安全生产责任制；未按照规定对从业人员进行安全生产教育和培训并如实记录；粉尘涉爆日常管理制度缺乏针对性、粉尘清扫制度执行不到位、除尘设备设施日常维护保养不善、除尘管路清灰口设置不足，导致作业现场积尘未及时规范清理；未按照规定制定安全生产事故应急救援预案并定期组织演练；未将事故隐患排查治理情况如实记录。

（三）相关单位和人员的履职情况

1. 市应急管理局东坑分局（以下简称东坑应急分局）。按照《东莞市人民政府关于印发东莞市推进安全生产监管检查（检查）全覆盖工作方案的通知》文件要求：镇（街道）安全生产监督管理部门主要对辖区内规模以上企业和重点监管企业落实安全生产全覆盖。村（社区）主要对辖区内规模以下企业和小作坊落实安全生产巡查全覆盖。根据国家经济计划和统计的相关定义，某电机公司属规模以下企业，应由塔岗村按属地原则进行日常管理。

2019年4月11日，东坑镇安委办下发《东坑镇2019年度进一步深化粉尘涉爆防爆专项整治工作方案》文件，要求东坑应急分局牵头在全镇范围内开展粉尘涉爆专项整治。通过企业自查、前期摸排、现场检查等，东坑应急分局开始针对重点企业开展专项整治工作，自 2019 年以来，共检查粉尘涉爆企业50 家次，发现安全隐患 84 处，责令暂时停产停业 4 家，行政处罚 4 家，罚款10 万元，继续对粉尘危害的重点领域、重点行业、重点企业的监督执法检查，督促用人单位认真落实好粉尘防爆治理工作，建立健全粉尘防爆治理责任制、落实各项防护措施，督促企业及时治理粉尘危害，确保粉尘涉爆专项整治工作落到实处。

2019 年 2 月 19 日，东坑应急分局下发《关于再次开展有限空间企业、危险化学品使用企业、粉尘涉爆企业安全风险摸排和信息录入工作的通知》文件，要求各村(社区)继续加强粉尘防爆专项整治工作，切实按照 2 月 14 日转发的《关于印发〈市应急管理局 2019 年预防与控制生产安全事故专项行动方案〉的通知》的要求，认真摸排粉尘涉爆企业，如实填写报表，按时报送，但塔岗村安全办至事故发生时仍未按规定上报某电机公司拉丝车间除尘系统存在重大生产安全事故隐患的相关信息。在调查中也发现东坑应急分局对塔岗村安全办关于粉尘防爆专项整治业务工作的指导不足。

2. 东坑镇塔岗村村委会及安全办未依法履行日常监管职责。该起事故发生企业由东坑镇塔岗村日常监管。某电机公司拉丝车间的除尘系统于 2017 年投入使用，但塔岗村安全办巡查人员在日常巡查过程中未发现某电机公司拉丝车间的除尘设备存在重大安全隐患；且在 2019 年开展的全镇粉尘涉爆专项整治行动中未按规定认真摸排粉尘涉爆企业，并报送某电机公司拉丝车间除尘系统存在的安全隐患，存在日常巡查监管不彻底、不细致的情况。调查中发现东坑镇塔岗村村委会及安全办存在履职不到位的情况。

3. 吴某琴，作为某电机公司法定代表人，未健全本单位安全生产责任制；未组织制定并实施本单位安全生产教育和培训计划；对本单位安全生产工作督促、检查不到位，未及时消除生产安全事故隐患。调查中发现吴某琴存在履职不到位的情况。

四、责任认定及责任者处理的建议

(一) 建议给予处理的相关单位和个人

1. 某电机公司安全主体责任不落实。拉丝车间使用的除尘系统存在除尘管路清灰口设置不足、除尘器无锁气卸灰装置等安全隐患，不符合国家或行业标准 GB 15577《粉尘防爆安全规程》；未制定粉尘清扫制度及清扫记录；未配备专业的清扫工具；未按照规定对从业人员进行安全生产教育和培训并如

实记录;未按照规定制定安全生产事故应急救援预案并定期组织演练;未将安全生产事故隐患排查治理情况如实记录;对该起事故负有责任。由于某电机公司已妥善解决员工的医疗、后续费用及各项善后事宜,没有引起不良社会影响,且本案属于2人受伤的一般生产安全事故,依据相关法律法规规定,建议由应急管理部门对其进行依法处理。

2. 某电机公司法定代表人吴某琴,未履行安全生产工作职责,未督促、检查本单位的安全生产工作,及时消除生产安全事故隐患;对该起事故负有责任。由于本案属于2人受伤的一般生产安全事故,且事故发生后吴某琴积极配合事故调查,主动消除违法行为后果,依据相关法律法规规定,建议由应急管理部门对其进行依法处理。

3. 李某祥,现任东莞市塔岗村安全办检查队队长。负责塔岗村消防安全生产督查东兴工业园辖区企业和三小场所,在对辖区内规模以下工业企业日常巡查不到位,且在全镇粉尘涉爆专项整治工作中漏报该公司。建议由东坑镇塔岗村委会依据本村安全办工作制度对李某祥进行处理。

(二)其他处理意见

该起事故的发生暴露出东坑镇镇村两级在安全生产管理方面仍存在监管漏洞,长期存在生产安全主体责任落实不到位、生产安全事故隐患排查不到位等问题。为吸取该起事故教训,防止类似事故再次发生,敦促相关职能单位(部门)、村(社区)加强监管,建议由镇安委办约谈东坑镇塔岗村委会主要负责人,并责成东坑应急分局涉事辖区分管股室负责人做出深刻检查。

事故涉及的其他民事法律责任,建议通过其他法律途径解决。

五、防范建议

1. 严格落实企业主体责任,加强现场安全管理。各类粉尘爆炸危险企业要认真开展隐患排查治理和自查自改,要按标准规范设计、安装、维护和使用通风除尘系统,除尘系统必须配备泄爆装置,一定要切记加强定时规范清理粉尘,使用防爆电气设备,落实防雷、防静电等技术措施,配备铝镁等金属粉尘生产、收集、贮存防水防潮设施,加强对粉尘爆炸危险性的辨识和对职工粉尘防爆等安全知识的教育培训,建立健全粉尘防爆规章制度,严格执行安全操作规程和劳动防护制度。

2. 深刻吸取事故教训,强化粉尘防爆专项整治。对存在粉尘爆炸危险的企业进行全面排查,摸清企业基本情况,建立基础台账。要采取强有力的执法措施倒逼企业落实主体责任，严查严管、常查常督，对多次整改未能有效提升安全管理水平的企业务必严厉处罚。对存在"十大重点问题和隐患"的企业特别是存在除尘系统隐患、粉尘清扫不及时等重大隐患的企业，要坚决责令其停产停业整改；对应改不改、久拖不改的企业一律实施行政处罚；对于生产条件差、隐患严重、不具备整改条件的企业以及整改到期后仍整改不到位的企业要纳入关停淘汰名单。

3. 通过开展安全专项整治工作，充分认识粉尘治理的重要性，动员企业强化粉尘治理工作，加大对涉尘作业场所的隐患排查力度，加强劳动者的防护意识以及企业主体责任意识，从源头上防范粉尘爆炸事故的发生。督促企业进一步建立健全安全生产规章制度，夯实安全生产基础。

案例 13　江苏省无锡市滨湖区
某电工装备公司"7·12"燃爆事故❶

2019 年 7 月 12 日，江苏省无锡市滨湖区某电工装备有限公司(以下简称某电工公司)租赁的一个车间发生一起因作业人员冒险作业、企业安全管理严重缺失而引发燃爆事故，造成 1 人死亡、1 人受伤。

一、事故单位概况

(一) 事故单位基本情况

某电工公司经营范围：电工器材、防雷接地装置、复合材料、塑胶制品的制造；电器电子装配加工；自营各类商品和技术的进出口业务(国家限定企业经营或禁止进出口的商品和技术除外)。某电工公司的主要负责人原是法定代表人钱某源，从 2018 年开始，由其子钱某担任某电工公司主要负责人，负责公司的生产经营活动。

该公司在注册地无锡市湖滨路设有办公楼，具体的生产场所在无锡市滨湖区胡埭镇苏铁路。该公司在荣巷街道钱胡路 88 号龙山工业园某厂房一楼租赁了一个车间(即发生事故的车间)，用于生产与产品配套金属热熔焊剂(含铜 59%、含铝 19%和其他金属粉)。

(二) 事故车间基本情况及生产情况

事故车间位于荣巷街道钱胡路 88 号龙山工业园某厂房一楼的中间位置，南侧是一家机械厂(无锡市力强液压件厂)，北侧一楼和二楼是一家服装厂(无

---

❶ 来源：无锡市滨湖区人民政府官方网站。

锡星都服装有限公司)的仓库。事故车间约 40m²，分为南北两间。车间进门即是南面一间的办公室，有烘箱、杂物和办公桌等；北面一间是生产场所，用轻质隔墙隔成三个小间：(1)西侧有窗的一间放置有 1 台粉碎机、1 台LLB-18D 单机吸尘器、1 台振动筛分器、1 台混料机；(2)中部与进门的一间直通，主要放置未包装的半成品(经粉碎的铜铝锡合金粉)，桶料堆放在靠北一侧；(3)东侧隔间靠着东窗有一长条工作台，放置称重天平、封口机等成品分装设备。

事故车间原来由某电工公司法定代表人钱某源负责，近几年交由陆某(在事故中死亡，系钱某源的女婿)负责。车间日常只有 2 名从业人员，其中 1 人是陆某(死者)，另 1 人是郭某明(伤者)。

该车间主要生产金属热熔焊剂，为某电工公司的配套产品。经调查，某电工公司自购铝锭、铜板及少量锡，委托外单位熔融浇铸成铜铝锡合金板。合金板运回车间后经人工敲成直径 1~2cm 的不规则合金块，用粉碎机将合金块加工成合金粉，再加入外购的氧化铜粉和其他物料，混合成为最终的成品金属热熔焊剂。

金属热熔焊剂生产流程如下：

(1)破碎：合金块加入粉碎机中进行粉碎；

(2)分离：粉碎后的粉粒料通过粉碎机底部的一根塑料管道进入单机吸尘器(单机布袋式除尘分离器)，分离出合金细粒和合金粉；

(3)筛分：合金粉放入振动筛分器中，筛分出不同粒度大小的合金粉料备用；

(4)混料：按配方将筛分后的粉料与其他物料加入混料机中均匀混合；

(5)检验包装：成品经引火试验合格后，称重、包装。

二、事故发生经过和事故救援情况

(一)事故发生经过

7月 12 日天气情况为：最高气温 28℃，最低气温 22℃，小雨到中雨，东南风 2 级。11 时许，陆某在事故车间北侧有粉碎机的小间内作业，郭某明在南侧办公室。11 时 30 分左右，陆某作业的房间发生爆炸，3~4min 后，发生第二次爆炸，约 2min 后，发生第三次爆炸。事故导致陆某当场死亡，郭某明受伤，过火面积 40m²。

(二)应急救援处置情况

事故发生后，事发车间西侧厂房一楼的无锡市某电子有限公司员工俞某鸣拨打了 119 消防报警电话。消防救援人员赶到现场后，于 11 时 50 分许将火扑灭。

接到事故报告后，滨湖区委常委、常务副区长和区应急管理局、公安滨湖分局、区总工会、荣巷街道等单位有关负责人立即赶赴现场，勘查现场、了解情况、指导善后，并布置事故调查工作。

（三）现场勘察及技术分析情况

1. 事故车间与北面服装厂相隔的为多孔砖砌的单砖隔墙，自西向东三分之二墙面向服装厂一侧倒塌。

2. 事故车间内生产场所与办公室相连的隔墙基本损毁，露出内部钢架；生产场所内的两面自制轻质隔墙全部倒塌。

3. 车间内东西三侧玻璃窗的玻璃全部破碎，窗框向外变形；车间入口处大门扭曲变形。

4. 车间墙面被烧黑，生产场所西部和中部隔间顶部墙面的颜色更深。

5. 车间内设备基本损毁，电气线路、电气开关等全部烧毁，但生产场所西部隔间内的粉碎机、振动筛和混料器内部以及单机吸尘器内部无燃烧迹象。现场设备和配电箱的电气装置均未采用防爆和隔爆电气。

6. 事故现场有大量金属泥浆，生产场所中部隔间靠北侧地面上有十几桶装有金属粉料的塑料桶；西部隔间粉碎机与单机吸尘器前有大量直径 1~2cm 的不规则合金块；作业场所角落、设备设施表面存在积尘。

据调查，事故发生时，死者陆某在放置粉碎机的小间内作业，伤者郭某明在该车间办公室。据伤者郭某明口述：该成品粉末混合后需要用起火粉对其进行引火试验，检测产品质量；伤者知道合金粉尘有爆炸危险性，也提醒死者陆某要注意操作，以免合金粉发生爆炸。

事故调查组对现场合金块取样后，经送无锡市某检测技术有限公司将合金块破碎成粉末并对其成分进行检测，无锡市某检测技术有限公司于 2019 年 7 月 31 日出具报告，鉴定合金块成分为：含铜 50.91%，含铝 46.98%，含锡 0.35%。事故调查组将破碎后的合金粉末送往国家民用爆破器材质量监督检验中心、南京理工大学化学材料测试中心检验，检测单位于 2019 年 8 月 19 日出具检验报告：当点火能量为 2kJ，粉尘浓度为 $500g/m^3$ 时，ΔP 大于 0.05MPa 时，该粉尘具有爆炸性。

查询原国家安监总局发布的《工贸行业重点可燃性粉尘目录（2015 版）》，铜铝合金粉列入该目录。

综合现场勘查、物料取样检测、生产过程分析、相关人员证言等情况，技术组专家判定该起事故是一起粉尘爆炸事故，理由如下：

1. 达到粉尘爆炸浓度。

（1）作业场所存在悬浮粉尘。据伤者反映平时在作业时需要佩戴口罩、帽子等防护用品，说明作业场所存在相当高的粉尘浓度。

（2）作业场所存在积尘。查勘现场，作业场所角落、设备设施表面存在积尘。

（3）作业场所存放较多粉料。现场有较多已粉碎好的合金粉料存放在塑料桶中。

2. 生产作业场所存在足够的助燃氧气。

3. 引发爆炸的能量来源。

（1）据伤者反映：事发时其和死者不在一起，死者独自1人在隔间内作业，可能要对产品进行引火试验，检测产品质量。

（2）现场设备和配电箱的电气装置均未采用防爆和隔爆电气，有引起电火花的条件；作业过程也可能存在撞击、摩擦、机械振动等其他火花发生的可能；工艺设备设施未设置符合规定的导除静电的措施，也有产生静电火花的可能性。

结合事发气象条件、生产历史，死者对成品进行引火试验导致粉尘爆炸的可能性较大，其他引火源目前没有证据可以完全排除。

（四）企业安全管理情况

某电工公司未能提供死者陆某和伤者郭某明的安全教育和培训相关资料，未能提供事故车间相关的安全管理制度和操作规程，也未提供对该车间进行安全检查的记录。

（五）事故车间租赁情况

事故车间是某电工公司向荣巷街道龙山社区下属的单位无锡市滨湖区荣巷街道龙山股份经济合作社租用的，从2010年1月1日租用至今。

（六）荣巷街道安监办巡查情况

据荣巷街道安监办反映：

1. 荣巷街道安监办工作人员盛某雨、丁某骏、喻某超于2019年6月5日在日常巡查中发现事故车间疑似粉尘加工，现场有2名作业人员。当场询问从业人员企业名称、主要产品、生产工艺、涉及何种粉尘及是否有安全生产台账等，现场员工拒绝回答。安监人员继续询问企业负责人是否在场，现场人员回答在上海出差，且无负责人电话，让安监人员下次再来。当天，安监人员拍摄了四张现场照片。

2. 6月5日以后，荣巷街道安监人员到现场2次，均大门紧闭，无人生产。

3. 6月25日，荣巷街道安监人员再次到该公司，发现企业依旧无人生产，于是联系龙山工业园园区负责人杨某帆和刘某年，获悉该公司是无锡某电工公司装备有限公司租赁的，当场请杨某帆打电话通知该公司负责人钱某源，要求他立即停止该车间的生产活动并到荣巷街道安监办约谈。但至事故发生，该负责人都未到荣巷街道安监办。

（七）滨湖区涉爆粉尘专项整治情况

从2014年8月开始，根据上级安监部门要求，滨湖区逐步开展涉爆粉尘专项整治。每年要求企业将涉粉作业情况上报当地安监部门，由安监部门和企业共同对粉尘是否存在爆炸危险进行甄别。目前，全区共排查出涉爆粉尘企业45家，正按照专项整治工作要求，逐家制定整改方案、落实整改验收。某电工公司未向当地安监部门报告本单位的涉粉作业情况。

三、事故原因

（一）直接原因

陆某独自在生产车间西侧隔间内作业时引起粉尘爆炸，因车间地面及设备上积尘较多，且中部隔间内存放了较多铜铝合金粉，从而再次引发爆炸。

（二）间接原因

1. 某电工公司安全管理严重失控。一是对事故车间的安全管理长期缺失。该公司对事故车间的生产及管理工作长期缺乏监管，未将事故车间纳入本公司进行统一的安全管理，未制定相应的安全管理制度和操作规程，未采取有效措施确保现场安全生产条件，导致作业现场金属粉积尘严重，且现场电气装置均未采用防爆和隔爆电气，工艺设备设施未设置符合规定的导除静电的装置，这是事故发生的主要原因之一。二是未对从业人员进行安全教育和培训，未保证从业人员具备本职工作相应的安全生产知识，死者陆某和伤者郭某明均知道生产中涉及的合金粉尘具有爆炸危险，但对其危险程度认识不足，长期在不符合国家法律法规要求的安全生产条件下进行涉爆粉尘加工，甚至进行引火试验，这也是事故发生的主要原因。三是逃避安监部门监管。从未将本单位的涉粉作业情况上报给当地安监部门，面对安监部门的巡查，也未如实说明生产情况和粉尘属性，且企业负责人未配合安监部门依法履行安全监管职责，这也是导致事故发生的原因之一。

2. 龙山社区下属的无锡市滨湖区荣巷街道龙山股份经济合作社将厂房出租给某电工公司后，未对其安全生产工作进行有效管理，未能及时发现某电工公司对事故车间长期失管且现场存在涉粉作业的情况。

3. 荣巷街道安监办工作人员在巡查中发现事故车间疑似涉及涉爆粉尘作业后，未及时果断采取有效的监管措施，消除安全隐患。

四、责任认定及责任者处理的建议

（一）免予追究责任人员

陆某，作为生产现场负责人，安全意识淡薄，明知生产中涉及的合金粉尘具有爆炸危险，但未加强对作业现场的安全管理，违规进行涉爆粉尘加工作业，最终导致粉尘爆燃，应对该起事故的发生负有直接责任。鉴于其已在事故中死亡，不再追究其责任。

（二）事故单位责任

1. 某电工公司，从未向安监部门上报本单位涉粉作业情况，拒绝配合安监部门的监督管理；对事故车间长期失管，未保证涉爆粉尘加工现场具备符合国家法律法规规定的安全生产条件，未针对涉爆粉尘作业制定相应的安全管理制度和操作规程；未对从业人员进行安全教育和培训，未保证从业人员具备与生产活动相应的安全生产知识、掌握本岗位的安全操作技能，应对事故的发生负有责任。建议由无锡市滨湖区应急管理局依法给予相应的行政处罚。

2. 钱某，某电工公司主要负责人，全面负责公司生产经营工作。履行法定安全生产管理职责不到位，对事故车间的安全管理工作失管漏管，未能及时发现和消除事故车间制度管理、教育培训、设备设施和现场管理等方面存在的安全隐患，对该起事故发生负有责任。建议由无锡市滨湖区应急管理局依法给予相应的行政处罚。

（三）监管部门责任

1. 荣巷街道安监办工作人员在巡查中发现事故车间疑似涉及涉爆粉尘作业后，没有及时采取进一步的安全监管措施，对事故的发生负有责任，建议荣巷街道纪工委依照规定进行处理。

2. 龙山社区未对事故车间进行有效的监督管理，未及时发现某电工公司对事故车间长期失管和存在涉粉作业的情况，对事故的发生负有责任，建议荣巷街道纪工委依照规定进行处理。

五、防范建议

1. 深刻吸取事故教训，切实履行企业安全生产主体责任，加强对企业安全生产的管理，积极配合安全生产监管部门的监督管理；要建立健全各项安全规章制度和操作规程，不断改善安全生产条件；要切实加强对作业人员的安全教育和培训，保证其具备必要的安全生产知识和操作技能；要举一反三，认真做好各项安全管理工作，认真开展安全检查和隐患排查，及时发现和消除各类隐患，有效避免事故发生。

2. 进一步加强安全生产监管，认真抓好企业安全生产主体责任的落实；要及时向辖区同类企业通报此次事故情况，进一步督促涉爆粉尘企业按照年度涉爆粉尘专项整治的要求完成设备设施的改造；要督促企业切实加强本单位的安全管理工作，及时排查和消除安全管理、设备设施等各方面存在的安全隐患，防范事故发生。

3. 要进一步加强对园区承租单位的安全管理，不得将厂房出租给不具备安全生产条件或相应资质的单位或个人；要定期开展安全检查，及时发现和消除各类事故隐患，避免各类事故发生。

第五章　农副产品加工（淀粉）

案例14　河北省邢台市宁晋县
某淀粉糖业公司"5·23"闪爆事故❶

2013年5月23日，河北省邢台市某淀粉糖业有限公司（以下简称某淀粉糖业公司）淀粉车间发生一起因设备内静电瞬间积聚，引起淀粉闪爆事故，造成1人重度烧伤、3人中度烧伤，直接经济损失120万元。

一、事故单位概况

某淀粉糖业公司为下设淀粉车间、口服葡萄糖车间、土霉素碱车间和污水处理厂的集团式企业，主要生产玉米淀粉、口服葡萄糖、土霉素碱以及蛋白粉、胚芽等副产品。

事发车间为公司淀粉车间，该车间设计年产淀粉12万t，实际年产淀粉8万t，主要以淀粉乳供公司土霉素碱车间作原料，一少部分烘干为干淀粉商品。玉米淀粉生产采用湿磨法，玉米经净化、浸泡、粗磨、胚芽分离、精磨、纤维分离、蛋白分离、气流烘干等工序得到淀粉产品。该车间共有定员165人，分磨料、粗蛋白、胚芽、细蛋白、淀粉五个工段，发生事故工段为淀粉工段，该工段定员33人，实行三班两运转，事故发生时，丙班员工上班，该班共有定员11人。

二、事故发生经过和事故救援情况

5月23日凌晨1时左右，某淀粉糖业公司淀粉二车间丙班11名工人正在工作，突然一声爆响，北区正在接淀粉的工人王某强看见一片火光由南向北而来，瞬间将其击倒，他爬起来向车间外跑出去，意识到发生事故了。正在

---

❶ 来源：安全管理网。

值班的二车间主任闫某辉听到响声，迅速赶到现场，窗户上的玻璃都碎了，车间内火在燃烧，有工人在车间外，有工人在车间里面向外跑，立即打电话报告值班经理闫某芳，并迅速组织人员进行救援。随后闫某芳赶到现场，启动应急预案，安排副总经理王某须组织人员负责车间灭火，副总李某须、张某军二人负责救治伤员。公司用自备的一辆消防车和灭火器于凌晨 5 时将火扑灭。救治伤员的一组用公司的车将伤员送县医院后，因医院条件有限，公司立即将受伤人员紧急送往石家庄和平医院进行救治，随即通知伤者家属，并迅速把救治资金送到医院并积极做好家属工作，安心接受治疗。经过精心治疗，目前，受伤人员已陆续治愈出院。

三、事故原因

（一）直接原因

经过调查，排除了事故车间机械故障或撞击引起火源，或烘干管道中的物料自燃闷烧起因。导致这次事故的直接原因是静电瞬间积聚产生静电火花，遇到一定粉尘浓度引起的粉尘爆炸。

（二）间接原因

1. 某淀粉糖业公司未制定重点工作岗位现场处置方案，未按要求每半年至少组织一次现场处置方案演练，现场工人应对突发事故能力不强。

2. 某淀粉糖业公司安全管理不到位，安全制度落实不严，粉尘清扫不彻底，形成事故隐患。

3. 某淀粉糖业公司安全教育培训不到位，安全意识淡薄，工人对重点岗位、重点环节危险点和危害因素了解不足，认识不够。

四、责任认定及责任者处理的建议

（一）对事故责任单位责任分析及处理建议

某淀粉糖业公司，安全管理不到位，一是安全安全管理制度落实不严，安全教育不扎实。二是未制定重点工作岗位现场处置方案，未按要求组织演练，违反了《安全生产法》第二十二条、第三十六条等规定，依据《生产安全事故报告和调查处理条例》第三十六条第一项，建议由县安监局对某淀粉糖业公司处 10 万元罚款。

（二）对事故责任人责任分析及处理建议

1. 闫某芳，某淀粉糖业公司常务副总经理、实际控制人，在规定时间内未及时上报事故发生，形成迟报。依据《生产安全事故报告和调查处理条例》第三十五条第二项，建议由县安监局对闫某芳处以上年度收入的40%罚款。

2. 张某军，某淀粉糖业公司总经理助理，分管安全生产工作，安全管理不到位，对事故发生负有领导责任。建议由某淀粉糖业公司依照公司制度给予处分。

3. 李某学，某淀粉糖业公司安全科科长，未制定重点工作岗位现场处置方案，未按规定组织演练，对事故发生负有责任。建议由某淀粉糖业公司依照公司制度给予处分。

4. 闫某辉，二车间主任，安全管理不到位，安全规章制度落实不严，对事故发生负有责任。建议由某淀粉糖业公司依照公司制度给予处分。

5. 韩某锋，二车间副主任，安全管理制度落实不严，安全教育不扎实，对事故发生负有责任。建议由某淀粉糖业公司依照公司制度给予处分。

五、防范建议

1. 开展安全生产大检查，特别对各种易产生静电和涉粉尘场所进行检查并采取相关的安全防护预防措施，制定重点工作岗位现场处置方案，并按要求组织演练。

2. 对企业安全生产责任制、安全规章制度、应急处置预案、隐患排查分级建档等进行认真梳理完善，确保安全生产所有规章制度落到实处。

3. 加强安全培训工作，深化细化从业人员安全培训，特别是班组长以上人员安全培训教育工作，提高企业全员安全生产水平和能力。

4. 加强安全机构建设，聘请有安全资格的专业人员任安全主管人员，发挥安全科作用，切实改善安全基础条件。

5. 组织召开职工代表大会，通报事故处理意见，深刻吸取事故教训，举一反三，警钟长鸣，把公司安全生产管理工作推向深入。

案例 15　河北省秦皇岛市某淀粉股份公司"2·24"爆炸事故

2010年2月24日，河北省秦皇岛市某淀粉股份有限公司(以下简称某淀粉公司)淀粉四车间发生了淀粉粉尘爆炸事故，共造成21人死亡(事发时死亡19人)、47人受伤(其中6人重伤)，淀粉四车间的包装间北墙和仓库南、北、东三面围墙倒塌。仓库西端的房顶坍塌(约占仓库房顶三分之一)。淀粉四车间干燥车间和南侧毗邻糖三库房部分玻璃窗被震碎，窗框移位。四车间内的部分生产设备严重受损。厂房北侧两辆集装箱车和厂房南部的一辆集装箱车被砸毁。截至 2010 年 3 月 2 日，直接经济损失 1773.52 万元。

一、事故单位概况

某淀粉公司主要以玉米为原料进行深加工，加工能力为 100 万 t/年。拥有 4 个淀粉生产车间，年总产 60 万 t；3 个葡萄糖车间，年总产 22 万 t；1 个山梨醇车间，年总产 7 万 t；1 个麦芽糊精车间，年总产 5 万 t；1 个饲料车间，年总产 10 万 t。一个热电联产电厂，年发电 1.8 亿 kW·h；一座污水处理厂，日处理污水 1.2 万 t。公司主副产品广泛应用于医药、食品、化工、纺织、造纸、禽畜养殖等多个行业。事故厂房 2000 年建成，原设计功能为仓库。2008 年将部分仓库改建为包装间。

二、事故发生经过和事故救援情况

2010 年 2 月 24 日 16 时 12 分，某淀粉公司淀粉四车间发生燃爆事故，导致 19 人死亡、49 人受伤（伤势较重 8 人），初步估计造成经济损失约 450 万元，属于重大生产安全事故。发生爆炸事故的为该公司淀粉四车间包装工段，事故车间为框架结构，四周墙体为砖混结构，建筑面积 6182.4m²，包括包装工序和库房。爆炸发生前，事故现场共有 107 人作业，其中包装工人 24 人，其他为库房搬运工人。2 月 24 日 16 时 12 分，车间发生燃爆，爆炸导致墙体倒塌，造成大量人员伤亡，部分人员被废墟掩埋（25 日下午 2 时失踪人员全部找到）。

发生爆炸前，三层平台有 10 人对 5 号筛和 6 号筛正在进行清理和维修。清理和维修工具为：铁质扳手、铁质钳子、铁锹等。紧邻 5# 筛的配电间屋顶（标高 3.7m）有淀粉四车间 4 名包装工正在清扫由 5 号、6 号振动筛上散落下的淀粉。所用工具为铁锹、铁畚箕、扫帚、包装袋。

三层平台（标高 5.2m）的作业人员将清理的淀粉装袋后，通过楼梯往下滚落到一层地面。批号间与配电室屋顶的清理工作大致进行了一半，已经清理出了 20 多袋淀粉，有部分淀粉袋由配电间屋面直接抛至一层地面。事故发生时，三层平台和批号间与配电室屋顶有大量淀粉。

对 5 号振动筛处进行清理和维修的过程中，铁质工具撞击摩擦产生的机械火花，将清理过程中产生的处于爆炸浓度范围内的粉尘云引燃，在 5 号振

动筛处发生了爆燃。这个爆燃也是该起事故的初始爆炸。初始爆炸能量比较小，只对局部设备和构筑物造成破坏。

初始爆炸产生的冲击波超压不强，但冲击波和气流激起了三层平台上的淀粉粉尘层，形成了更多的粉尘云，在三层平台和批号间与配电室屋顶发生了爆燃的扩散，粉尘云和粉尘层剧烈燃烧，在三层平台和批号间与配电室屋顶的作业人员处于高温火焰区。9名作业人员被严重烧伤未能逃生。5名作业人员成功逃生。爆燃引起的大火，引燃了与打包间西端一墙之隔的淀粉四车间干燥间东北角一至三楼扬升器的管道保温材料，但未在干燥车间造成严重后果。

三、事故原因

（一）直接原因

在进行三层平台清理作业过程中产生了粉尘云，局部粉尘云的浓度达到了爆炸下限；维修振动筛和清理平台淀粉时，使用了铁质工具，产生了机械撞击和摩擦火花。以上二者同时存在是初始爆炸的直接原因。包装间、仓库设备和地面淀粉积尘严重是导致两次强烈的"二次爆炸"的直接原因。

该起事故的点燃源为铁质工具与铁质构件或装置的机械撞击与摩擦所产生的火花。现场勘察和询问表明，作业人员在维修振动筛和清理淀粉过程中使用了铁质工具，包括铁质扳手、铁质钳子、铁锹和铁畚箕等。这些工具在使用中发生撞击和摩擦时，可产生点燃玉米淀粉粉尘云的能量。

（二）间接原因

1. 生产管理不善。当5号、6号振动筛出现堵料故障时，没有及时采取停止送料措施，造成振动筛处及其附近平台大量淀粉泄漏、堆积。

2. 未认真执行粉尘防爆安全国家标准。企业在安全生产管理中，未根据行业特点及存在的固有危险，贯彻执行GB 17440《粮食加工、储运系统粉尘防爆安全规程》、GB 15577《粉尘防爆安全规程》、GB 50058《爆炸和火灾危险环境电力装置设计规范》和GB 50016《建筑设计防火规范》等标准要求。

3. 企业管理人员、技术人员和作业人员粉尘防爆知识欠缺，对粉尘爆炸危害认识不足。作业人员安全技能低，在淀粉清理和设备维修作业中违规操作。

4. 事故厂房2000年建成，原设计功能为仓库。2008年公司将仓库西段北侧的24m×12m的区域改造为淀粉生产包装车间，改变了原仓库的性质，改造项目的设计对粉尘防爆考虑不完善，防火防爆措施、管理没有相应跟进。

四、责任认定及责任者处理的建议（未查得，略）

五、防范建议

1. 开展安全生产大检查，特别对各种易产生静电和涉粉尘场所进行检查并采取相关的安全防护预防措施，制定重点工作岗位现场处置方案，并按要求组织演练。

2. 对企业安全生产责任制、安全规章制度、应急处置预案、隐患排查分级建档等进行认真梳理完善，确保安全生产所有规章制度落到实处。

3. 加强安全培训工作，深化细化从业人员安全培训，特别是班组长以上人员安全培训教育工作，提高企业全员安全生产水平和能力。

4. 加强安全机构建设，聘请有安全资格的专业人员任安全主管人员，发挥安全科作用，切实改善安全基础条件。

案例 16　山东省潍坊市寿光市某淀粉公司"5·19"爆炸事故❶

2017 年 5 月 19 日，山东省潍坊市寿光市某淀粉公司（以下简称某淀粉公司）发生粉尘爆炸事故，造成 1 人死亡、6 人受伤。

一、事故单位概况

某淀粉公司现有员工 165 人，主要产品为玉米淀粉，副产品为淀粉乳、玉米胚芽、玉米纤维、加浆纤维、玉米蛋白等，淀粉生产能力为 15 万 t/年。涉及粉尘爆炸部分的工艺流程为：玉米原粮进入卸粮坑经刮板机进入清选斗提机，通过滚筒筛和钟鼎分离器除杂、除铁器除铁后，经入仓斗提机进入粮仓；仓内的玉米经插板阀进入仓底出仓刮板机，后经出仓斗提机提升，然后去淀粉加工工艺（湿法）。滚筒筛与钟鼎分离器分别配备一套除尘系统，均为二级除尘（旋风+布袋）。

二、事故发生经过和事故救援情况

2017 年 5 月 19 日 15 时 10 分，该公司 1 名电焊工对出仓斗提机机头弧形顶盖法兰与出口溜管下方结合部位的漏点进行打补丁焊接，15 时 50 分焊接完成。16 时 25 分，操作工向清理现场的保全工确认可以开机后，先后开启出仓斗提机、仓底刮板机，刮板机尚未开始运行，出仓斗提机内发生爆炸。爆炸

---

❶ 来源：德州市应急管理局官方网站。

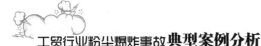

由出仓斗提机经仓底刮板机头部下料管进入刮板机传播,一直传播到刮板机尾部冲开刮板机尾部检查孔(尚未上螺栓),在刮板机廊道尽头发生二次爆炸。爆炸将进仓斗提机底部局部破坏,传播到进仓斗提机内部,并通过钟鼎分离器、滚筒筛传播到清选斗提机,清选斗提机被爆炸撕开,除尘楼内的1楼与2楼发生爆炸(如图5-1所示)。

初始爆炸造成出仓斗提机底部箱体损毁,钢结构楼梯部分损毁,7名现场维修人员受伤,其中1人经医院抢救无效死亡。后续爆炸造成除尘楼建筑墙体、天花板等严重损毁,清选和入仓斗提机箱体变形、撕开,连接钟鼎分离器、滚筒筛的袋式除尘器损毁,其余设备设施不同程度受损。由于停产检修,除尘楼内无作业人员,幸未造成更大人员伤亡。

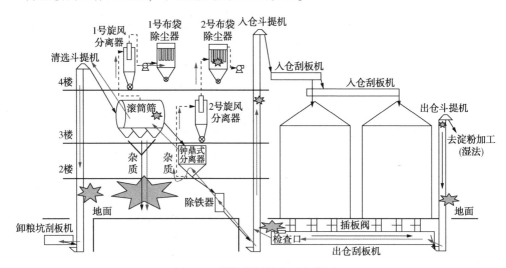

图5-1　爆炸传播轨迹示意简图

三、事故原因

(一)直接原因

该公司电焊作业人员没有遵守爆炸危险场所动火作业相关规定,在提升机头部内壁粉尘没有清理的情况下进行电焊作业,产生的高温热传导引燃了斗提机内壁的粉尘层,粉尘层在动火作业完成后仍在阴燃,成为粉尘爆炸的点火源。动火作业完成后未对斗提机内部进行安全检查、消除点火源,开启斗提机后,斗提机提升产生的粉尘云或斗提机内壁粉尘层因燃烧掉落形成的局部粉尘云,遇阴燃的粉尘层发生斗提机内粉尘爆炸,经传播先后引起存在粉尘的设备、设施和建筑物内粉尘爆炸。

（二）间接原因

1. 企业对动火作业安全管理不严格、不规范。未对涉及粉尘爆炸危险场所的动火作业风险进行全面辨识分析，也未采取相应的安全防范措施；凡在粉尘爆炸危险区域实施动火作业，可拆卸的设备、管道应一律拆下并搬运到安全区域进行动火作业；确需原位进行动火作业的，对于内壁能够洒水的工艺设备，洒水后方可动火，且在动火作业过程中保证工艺设备内没有干粉尘；不能洒水的工艺设备，必须清理干净设备内的粉尘后方可动火；动火后，应检查确保设备内无焊渣、阴燃等点火源。

2. 斗提机没有配备除尘系统，内部粉尘清理不及时，粉尘沉积严重。为降低斗提机内粉尘浓度，提升机出口处应设吸风口并接入除尘系统，还要经常对斗提机的内部与外部进行清理，不能让粉尘过多、长时间沉积。

3. 斗提机、钟鼎分离器、旋风分离器、袋式除尘器等未采取爆炸泄压设计，导致提升机底部发生较强爆炸，随后的爆炸传播较为猛烈。

4. 除尘楼泄压面积不足，导致除尘楼建筑严重受损。按照 GB 17440《粮食加工、储运系统粉尘防爆安全规程》规定，可燃性粉尘环境 20 区、21 区的建（构）筑物（如除尘楼），应设置必要的泄爆口，玻璃门、窗、轻质墙体和轻质屋盖可以作为泄瀑面积计算。

5. 斗式提升机、皮带机、刮板机等未采取跑偏监控、主动轴轴温监控等保护措施。

6. 滚筒筛的杂质出口溜管上未设置旋转下料阀，导致滚筒筛爆炸火焰与冲击波直通 1 楼车间作业区域。

四、责任认定及责任者处理的建议（未查得，略）

五、防范建议

1. 粉尘涉爆企业特别是淀粉、面粉、饲料加工等涉及粮食储存、加工的企业，对照该起粉尘爆炸事故发生原因和暴露出的问题，全面排查整改企业存在的问题和隐患，并举一反三，及时整改消除企业粉尘防爆工作中存在的各类问题和隐患。

2. 相关企业参照工贸行业《较大危险因素辨识与防范指导手册》有关内容，进一步深入开展风险分级管控与隐患排查治理两个体系建设，全面辨识分析粉尘爆炸风险，制定落实粉尘防爆管控措施。

3. 开展事故警示教育，广泛开展教育培训，切实提高企业对粉尘防爆工作重要性的认识，不断提升从业人员的粉尘防爆安全意识和安全操作技能。

4. 将粉尘防爆专项治理作为安全生产百日攻坚治理行动的重要内容，认真组织开展粉尘防爆专项治理，严密防范粉尘爆炸事故发生。

案例17　山东省德州市乐陵市某淀粉糖公司"5·20"燃爆事故❶

2015年5月20日，山东省德州市乐陵市某淀粉糖有限公司(以下简称某淀粉糖公司)净化楼发生一起因电焊工违章作业引发玉米粉尘燃爆事故，事故当场造成11名员工不同程度地擦灼伤入院救治，其中电焊操作人员郑某乐因伤势严重于事故发生后第28天救治无效死亡，直接经济损失200万元。

一、事故单位概况

某淀粉糖公司是山东某糖业集团有限公司下属子公司，法人代表曹某中，总经理冯某军(实际管理人)。主要产品有玉米淀粉、麦芽糖浆、啤酒糖浆、果葡糖浆、糖果专业糖浆、玉米纤维、玉米蛋白、玉米胚芽等。现有员工500多人。

山东某糖业集团有限公司是一家集原糖加工储备、玉米深加工、热电联产、物流、房地产开发等一体的民营企业集团，占地1000余亩，总资产12亿元，员工1200余人，年销售收入100多亿元。集团公司负责某淀粉糖公司原料供应和产品销售，对公司厂区内玉米收购、储存设施直接进行管理。

二、事故发生经过和事故救援情况

2015年5月20日下午，某淀粉糖公司保全车间正在值班的保全工张某伟接到浸泡车间净化楼李某明打来的电话，说净化楼提升机最上端(四楼楼顶简易工房内)的外壳漏玉米，于是和同时值班的保全工郑某乐一起到净化楼查看情况，发现玉米提升机最上端的外壳漏玉米，然后做焊接前的准备工作。14时28分，郑某乐在微信工作群发了"二车间净化楼提升机顶么漏，正准备电焊机焊接"的信息，16时10分，代班长(未正式任命)王某到焊接现场检查情况并拍照发到微信群，16时34分，焊渣的高温造成玉米输送管道内粉尘燃爆，继而通过粮食输运管道引发由集团公司负责管理的四个钢板筒仓底部受限空间粉尘的循爆。

事故发生后，山东某糖业集团有限公司、某淀粉糖公司立即启动公司事

---

❶ 来源：山东省轻工业安全生产管理协会网站。

故应急救援预案，并拨打 119、120 及 110 求援，员工私家车、公交、出租车辆也加入伤员运送行列。乐陵市人民政府立即启动应急预案，市委、市政府领导第一时间赶赴现场指挥救援并按规定及时向上级报告和发布事故信息。为杜绝次生事故的发生，乐陵市人民政府连夜邀请德州市中介机构、山东建筑大学等专家对因爆炸严重受损随时可能坍塌的四个容量 5000t 玉米钢板筒仓进行安全评估。省安监局也派出 3 名专家现场指导制订切实可行的粮仓处置工作方案，进行安全处置。德州市政府分管领导、德州市安监局领导、省安监局领导于 5 月 21 日来到事故单位进行指导，提出工作要求。

三、事故原因

（一）直接原因

某淀粉糖公司保全工郑某乐、张某伟在未经批准并取得动火作业许可证的情况下，违规违章进行电焊操作引燃玉米输送管道内粮食（玉米）粉尘导致燃爆，是造成该起事故的直接原因。

（二）间接原因

1. 企业管理方面的原因

（1）某淀粉糖公司保全车间内部安全管理极为松懈，不落实动火作业许可审批安全管理制度，安全意识差，共同违规违章，是造成这次事故的重要原因之一。

（2）企业对危险作业动火作业管理不重视，落实安全措施管控确认、审查批准流于形式，致使企业存在习惯性违章，是造成事故的重要原因之一。

（3）企业疏于生产设备管理养护，对防尘防爆设备的投入不足，未对该起事故涉及的粮食提升机顶盖及时维护保养、予以更换，是造成事故发生的重要原因之一。

（4）浸泡车间内部安全管理混乱，对员工培训教育存在严重不足。车间职工李某明对本岗位的危险因素、防范措施及动火作业的相关知识及规定应知应会掌握不够，安全认识不高，促成这次盲目违章作业，是造成事故的重要原因之一。

（5）企业负责人、分管负责人对各部门、各车间、各岗位安全管理责任不明确，更没有落实"一岗双责"，企业安全生产管理混乱，管理不到位，是造成这次事故发生的重要原因之一。

（6）企业全员三级安全生产教育培训不到位，致使员工普遍安全生产意识差，安全生产知识缺乏，是造成事故发生的重要原因之一。

（7）企业领导层对安全生产管理不重视，安全生产检查流于形式，导致企业违章及各类隐患长期存在，是造成事故的重要原因之一。

（8）山东某糖业集团有限公司重要设备设施安全管理缺失是造成事故的重要原因之一。

（9）山东某糖业集团有限公司没有依法建立总经理负总责的安全生产管理体制，造成安全生产管理体制机制不顺畅有效，也是造成事故的重要原因之一。

2. 政府部门方面的原因

（1）乐陵经济开发区对该公司监管不到位，开发区安监机构人员不专职，没有开展有效安全生产检查工作，履行监督检查职责不到位，也是造成事故的原因之一。

（2）安监部门监管监察不到位，也是事故发生的原因之一。

四、责任认定及责任者处理的建议（未查得，略）

五、防范建议

1. 粉尘涉爆企业特别是淀粉、面粉、饲料加工等涉及粮食储存、加工的企业，对照该起粉尘爆炸事故发生原因和暴露出的问题，全面排查整改企业存在的问题和隐患，并举一反三，及时整改消除企业粉尘防爆工作中存在的各类问题和隐患。

2. 相关企业参照工贸行业《较大危险因素辨识与防范指导手册》有关内容，进一步深入开展风险分级管控与隐患排查治理两个体系建设，全面辨识分析粉尘爆炸风险，制定落实粉尘防爆管控措施。

3. 开展事故警示教育，广泛开展教育培训，切实提高企业对粉尘防爆工作重要性的认识，不断提升从业人员的粉尘防爆安全意识和安全操作技能。

4. 将粉尘防爆专项治理作为安全生产百日攻坚治理行动的重要内容，认真组织开展粉尘防爆专项治理，严密防范粉尘爆炸事故发生。

第六章　木制品/纸制品加工

案例 18　浙江省湖州市德清县某地板公司"12·27"火灾事故[1]

2016 年 12 月 27 日，浙江省湖州市某地板有限公司(以下简称某地板公司)压贴车间东侧粉尘存储仓库处，发生一起违规动火作业引发木屑粉尘燃烧事故，造成 1 人死亡。

一、事故单位概况

某地板公司经营范围为：木地板生产、销售，货物进出口。

二、事故发生经过和事故救援情况

(一) 事故发生经过

2016 年 11 月 5 日，因某地板公司压膜车间的粉尘收集装置需要改建，该公司主要负责人夏某强找到新建厂房工程(在建中)承包方负责人劳某舰(湖州某建设有限公司项目经理)，让其帮忙找人将旧粉尘收集装置上方的钢棚拆除，于是劳某舰联系了闻某。2016 年 12 月 23 日，闻某找来 4 名工人计某武、计某祥、祈某、徐某华进场拆除某地板公司压膜车间旧粉尘收集装置处的钢棚。

2016 年 12 月 27 日 15 时许，计某武、计某祥、祈某虎 3 人在钢棚顶上作业，徐某华在地面作业，此时钢棚下方的粉尘收集装置正在运行。计某武和计某祥切割完钢梁后正在准备将彩钢瓦转移至地面，但因此前两人使用切割机切割时产生的火花通过正下方的粉尘存储仓库顶部盖着的彩钢瓦缝隙掉落至仓库内部，点燃了内部的木粉尘，瞬间发生燃爆起火，将正在上方作业的计某武震落至粉尘存储仓库和压膜车间东面墙体之间的空隙处地面上，计某

---

[1] 来源：山东省轻工业安全生产管理协会网站。

祥和祈某立即爬下钢棚寻找计某武。

（二）事故救援情况

某地板公司员工发现火灾后立即使用灭火器灭火，后计某祥和祈某将计某武救出，并将计某武身上的火扑灭，但计某武全身已被烧焦。后消防大队到达现场将火扑灭，经医护人员确认计某武已当场死亡。

（三）现场勘验情况

1. 事发具体地点位于该公司压贴生产车间旁东边离心引风机粉尘储存仓库上方；

2. 涉事粉尘储存仓库上方钢棚的部分彩钢瓦已被拆除；

3. 涉事粉尘储存仓库上方的钢棚钢梁有被烧灼的痕迹；

4. 事发地点离心引风机的型号为 b-51-9c；

5. 事发地点有大量湿透的木粉，现场有若干灭火器和消防水管；

6. 经测量，事发地点钢棚的长和宽为 12.2m 和 7.9m，钢棚东侧和西侧的高度分别为 5.81m 和 4.77m；

7. 经测量，涉事粉尘储存仓库的长、宽、高分别为 5.12m、2.76m、4.22m，仓库内有大量的木粉；

8. 压贴生产车间靠近粉尘储存仓库处的玻璃窗已破损；

9. 压贴生产车间内墙上有可燃爆粉尘作业安全告知牌；

10. 粉尘储存仓库处无任何安全警示标志；

11. 拆除旧钢棚处无任何安全警示标志、安全生产规章制度及安全操作规程。

三、事故原因

（一）直接原因

某地板公司在安排人员拆除钢棚时，未关闭钢棚下方的粉尘收集装置，且未清理干净粉尘存储仓库内的粉尘，当计某武等人从事切割作业时产生的火花掉落至仓库内，引燃粉尘存储仓库内的木屑粉尘，导致事故发生。

（二）间接原因

1. 某地板公司未对计某武等人进行入场作业前的安全生产教育和培训，致使计某武等人未具备必要的安全生产知识；未在粉尘收集装置处设置"禁止烟火"等明显的安全警示标志，使得计某武等人未得到有效的警示告知；未安排专门人员进行现场的安全管理，确保安全措施的落实；未如实告知作业场所存在的危险因素、防范措施，间接导致事故发生。

2. 某地板公司负责人夏某强未与计某武等外来作业人员签订安全生产管理协议；未组织制定并实施厂外人员入场作业管理制度和动火作业审批制度；未督促、检查本单位的安全生产工作，及时消除生产安全事故隐患，间接导致事故发生。

四、责任认定及责任者处理的建议

1. 某地板公司在安排人员拆除钢棚时，未将钢棚下方的粉尘收集装置关闭，并将粉尘存储仓库内的粉尘清理干净，导致计某武等人在使用切割机时产生的火花掉落至仓库内，将粉尘存储仓库内的木屑粉尘引燃发生事故。同时，某地板公司未对计某武等外来施工人员进行入场作业前的安全生产教育和培训，致使计某武等人没有具备必要的安全生产知识；未在粉尘收集装置处设置"严禁烟火"等明显的安全警示标志，使得计某武等人未得到有效的警示告知；未安排专门人员在登高作业、动火作业现场进行安全管理，确保安全措施的落实；未如实告知作业场所存在的危险因素、防范措施，间接导致事故发生。以上行为违反了《安全生产法》第二十五条第一款、第三十二条、第四十条、第四十一条和《浙江省安全生产条例》第十八条第一项、第三项的规定，对事故发生负有主要责任。根据《安全生产法》第一百零九条第(一)项的规定，建议由县安监局对该公司处以20万至50万元的罚款。

2. 某地板公司负责人夏某强未与计某武等外来施工人员签订安全生产责任书，明确安全生产注意事项；未组织制定并实施外来施工人员管理制度和动火作业审批制度；未督促、检查本单位的安全生产工作，及时消除生产安全事故隐患，间接导致事故发生。以上行为违反了《安全生产法》第十八条第(一)项、第(二)项、第(五)项的规定，未依法履行生产经营单位主要负责人的职责，对事故发生负有责任。依照《安全生产法》第九十二条第(一)项的规定，建议由县安监局对夏某强处以上一年年收入30%罚款的行政处罚。

3. 责令某地板公司暂时停产停业，及时开展安全生产隐患排查整治，经县安监局复查合格后方可恢复生产(事发时，县安监局已于2016年12月27日开具现场处理决定书，责令停产停业。2017年4月6日，县安监局进行复查，该公司已按要求整改合格，同意恢复生产)。

4. 建议由某地板公司按照内部管理制度对相关人员做出必要的处理，并将处理结果以书面形式报告县安监局。

五、防范建议

1. 通报事故情况，分析事故原因，吸取事故教训，提高从业人员安全意识，加强日常安全检查与管理，切实履行主体责任，全面消除存在的事故隐患，防止各类事故再次发生。

2. 拆除粉尘收集装置处钢棚时关闭粉尘收集装置，并将粉尘存储仓库内的粉尘清理干净；必须对外来施工人员进行入场作业前的安全生产教育和培训，保证外来施工人员具备必要的安全生产知识；必须在新建的粉尘收集装置处设置"严禁烟火"等明显的安全警示标志；必须安排专门人员在登高作业、动火作业现场进行安全管理，确保安全措施的落实；必须如实向作业人员告知作业场所存在的危险因素、防范措施，时刻提醒作业人员注意安全。

3. 必须与外来施工人员签订安全生产责任书，明确安全生产注意事项；立即组织制定并实施厂外人员管理制度和动火作业审批制度；加强对本单位的安全生产工作的督促、检查力度，及时消除生产安全事故隐患，确保安全生产。

案例 19　内蒙古自治区呼伦贝尔市根河某人造板公司"1·31"燃爆事故❶

2015 年 1 月 31 日，内蒙古自治区根河市金河镇某人造板有限责任公司（以下简称某人造板公司）发生一起粉尘燃爆生产安全责任事故，造成 6 人死亡、3 人烧伤，损毁建筑约 2760m²，铺装机、预热设备、热压机严重损毁，直接经济损失 794.24 万元。

一、事故单位概况

（一）企业基本情况

某人造板公司原名内蒙古金河林业局中密度纤维板厂（以下简称某纤维板厂）。1996 年由国家计委和林业部批准建设，内蒙古某森工集团（内蒙古大兴安岭林管局）投资兴建，设计生产能力为 3 万 m²/年中密度纤维板生产线及配套辅助设施，1999 年建成投产。经过几年的发展，目前，公司的中高密度纤维板的生产能力已达到 5 万 m²/年。

2002 年 12 月，内蒙古某森工集团实行集约化经营，将金河林业局旗下的

---

❶ 来源：应急管理部、呼伦贝尔市应急管理局官方网站。

某纤维板厂及其他林业局的 3 个板厂整合,组建成"某板业集团",直属内蒙古森工集团管理。2008 年 9 月,内蒙古森工集团进行改制,"某板业集团"解散,成立了民营股份制企业——某人造板公司,同年 12 月在市工商局登记注册。管理人员持股 29.5%,其中,现任董事长兼总经理张某持股份 9.7%,为企业第一大股东,其余为普通职工股,占 70.5%。

公司现有在册员工 556 人,其中改制职工 256 人。公司成立了安全生产管理机构——生产安全部,龚某鸣为生产安全部负责人,配备了 1 名专职安全管理人员李某海。2014 年,公司设立了安全生产组织领导机构——安全生产委员会,董事长兼总经理张某为安全生产委员会主要负责人,副经理李某森为分管安全生产的负责人,副经理梁某君为分管消防工作的负责人。公司安全生产规章制度和操作规程基本健全,但除尘管路的积尘清理制度缺失。开展了全员"三级"安全生产培训教育,但培训教育有流于形式的倾向,建立了安全教育培训档案。

(二)项目建设和事故车间工艺布置情况

1996 年 8 月,金河林业局代表某纤维板厂与具有工程综合甲级设计资质的内蒙古大兴安岭林业设计院签订了"中密度纤维板厂建设工程勘察设计合同(整体设计)",但合同内容显示,内蒙古大兴安岭林业设计院实际承担的设计内容只有厂房类、原料堆场及库房类、泵房、厂区道路、变电站、给排水等工程,整个生产工艺部分由无设计资质的上海人造板机器厂进行设计,包括 2 套除尘系统,并由该厂提供成套生产设备,整体设计文件由内蒙古大兴安岭林业设计院负责协调。牙克石林业建工局负责施工。

竣工后的中密度板生产线位于厂区中部,东侧为 4 层建筑,框架结构,面积 3297.06m²,分别用作制板车间的热磨工段和干纤维仓,中间以防火墙隔离。西侧为单层建筑,框架结构,屋顶为钢筋混凝土预制板,长 119.5m、宽 37.5m、高 10.5m,建筑面积 4481.25m²,为制板车间和成品车间。制板车间和成品车间又以东西向的实体墙一隔为二,南侧为制板车间,北侧为成品车间,实体墙的西侧留有出入口,连通了制板和成品车间。主厂房的火灾危险性为丙类、耐火等级为二级、一路电源供电。有两套独立的除尘系统,一套是制板车间的锯边机除尘系统,位于主车间外靠近南墙的西段,用于后处理(锯边)工序的粉尘处理,另一套是成品车间的砂光机除尘系统,即发生事故的除尘系统,与锯边除尘系统相邻,位于其东侧,单独用于砂光机工序的粉尘处理。粉尘仓的粉尘经管道输送至锅炉用作燃料烧掉。

2003年，以某板业集团为主导，对密度板生产线进行了技术改造。为使产能配套和提高产品质量，改造了热磨机、铺装机以及砂光机，车间的主要工艺布置为：制板车间自东向西依次为：纤维料仓—铺装—预压—输送—热压—翻板—锯边—堆垛—存放，即纤维原料从混合料仓风送到铺装机纤维料仓，经铺装机、预压机预压成型后经运输机送到热压机热压成毛边板，毛边板经纵横锯边机整边后存放养生。成品车间自东向西依次为：砂光—分等—入库。由于布袋除尘器系统紧邻生产车间，安全距离不够且除尘效率低，又将布袋除尘器从原来紧邻生产车间和旋风除尘器的位置移到了现在远离车间南墙和旋风除尘器的位置，缩短了与砂光机的距离，其余除尘设备设施未动。

2003年4月，内蒙古大兴安岭森林公安消防支队对"中密度板技改工程"进行了消防验收，12月同意验收通过，但在意见书中提出："工艺火花探测系统应经常进行检测、维护，保证探头的灵敏性；及时清理厂区、车间内粉尘，保持厂区内清洁；制定重点工种岗位责任制及操作程序，并熟练掌握操作规程"等4条意见。

2008年，某人造板公司接手经营后，沿用了原有的设备设施，即砂光机没有防止杂物与设备碰撞的分离去除装置，除尘管道、除尘器未设置泄爆装置。2007年后，国家有关粉尘防爆的强制性安全标准陆续颁布，公司未按照新的规定和要求进行对照检查，未对原有设备设施的安全缺陷进行任何的弥补和技术改造。

二、事故发生经过和事故救援情况

2015年1月30日20时至1月31日6时，主车间共有24名员工上班，其中：车间外1人，热磨工段5人，制板车间11人，成品车间7人。制板车间副主任王某友和成品车间副主任陈某岭值班，公司领导梁某君、朱某寿等当晚均在厂内办公区住宿。6时03分许，布袋除尘器方向传出强烈、沉闷的爆炸声，布袋除尘器内往外喷火，主厂房外部的收尘管道被炸断，厂房内成品与制板车间的防火隔墙上部坍塌，铺装机后侧的纤维料仓爆炸，制板车间的预压、输送及后处理工段上方大部分屋顶发生坍塌。沉寂片刻后，燃烧爆炸后的火源引燃车间内半成品及成品库内存储的成品，车间燃起大火。

在制板车间配电室（调度室）的电工何某听到爆炸后，按企业的制度规定立刻拉了主厂房总电闸，车间内烟雾一片，所有人员纷纷从各自的作业岗位向外逃生。制板车间逃出的人员在副主任王某友的带领下开始搜寻救人，成品车间的副主任陈某岭和热磨工段的班长李某岭由于不知道厂房已出现坍塌，分别组织人员进行灭火，由于断电，水泵抽不上水，无法灭火。后陈某岭通知李某岭带人到制板车间救人，热磨工段的人员从灭火转到制板车间救人，陆续从制板车间搜救出3名伤者，现场人员立即将受伤人员送往金河医院，并在当天转至内蒙古森工集团牙克石林业总医院救治，现在已无生命危险。副总经理梁某君从厂内宿舍赶到现场后，命令制板车间副主任王某友清点各车间人数，在确认制板车间缺4人、成品车间缺2人时，便分派人员继续寻找。10时左右，未逃出的人员全部找到。经医院确认，制板车间内的4人为被坍塌的预制板砸中死亡，成品车间内1人被砸死（该员工系制板车间员工），1人被烧伤死亡。

公司副董事长、副总经理朱某寿听到爆炸声，从单位办公楼宿舍赶到事故现场后，发现除粉尘仓着火外，油泵房也起了火，立即给金河消防大队打了电话，此时消防已经接到金河镇一居民的报警。公司董事长兼总经理张某在事故发生的当天早晨，在根河接到林业局职工段华的报信电话后，立刻给朱某寿打电话，让其向金河消防报警和向镇政府报告。在得知整个车间都着了火，事态严重后，打电话给根河公安局请求根河消防队支援，并带着根河的2辆消防车于9时10分赶到现场，与先期到达的金河消防大队同时救火，呼伦贝尔消防支队也调集大吨位灭火车紧急驰援火场。最后，在根河消防队及呼伦贝尔市消防支队的奋力扑救下，火势在短时间内得到控制，避免了次生灾害及火情的进一步扩大，72h后，余火被彻底扑灭。

6时10分时，公司董事长兼总经理张某向金河镇党委书记钱某民报告了事故。此后，金河镇政府以及各级政府在规定时间内逐级上报了事故。

三、事故原因

（一）直接原因

砂光机未安装火花探测和自动报警装置，砂光机工作时产生的火花导致收尘管道内沉积粉尘发热燃烧，形成连续火源，通过除尘系统管道进入布袋除尘器，引起布袋除尘器中的木粉尘遇火发生粉尘爆炸；除尘器及除尘系统管道未按规定设置防爆泄爆口，除尘器爆炸产生的爆轰冲击波随除尘系统管道进入砂光车间，将砂光车间与制板车间隔离墙部分炸垮并同时引起砂光机的粉尘发生二次爆炸。爆炸冲击波通过砂光车间内连通制板车间的废弃管道和砂光车间与制板车间被炸垮的隔离墙传播，进而引发了制板车间内的制板纤维料爆炸；厂房按丙类厂房设计，厂房梁、屋面为预制构件，爆炸导致厂房屋顶局部坍塌。

（二）间接原因

1. 某人造板公司未有效开展粉尘防爆的隐患排查治理，未认真吸取昆山爆炸事故和该厂曾出现过的粉尘爆燃事故的深刻教训，对粉尘爆炸的严重性和危害性认识不高、重视不够，对国家开展粉尘防爆安全专项治理的工作安排部署不力，未认真进行粉尘防爆隐患的排查和治理。

2. 某人造板公司安全投入不足。2013 年和 2014 年未提取安全生产费用。未排查出砂光机除尘系统等设备不符合国家标准和行业标准的隐患并进行改造和更新。未采取有效安全措施防止粉尘爆炸，仅是制定了应急措施，导致这次事故发生后事态的扩大，直至出现极其严重的后果。

3. 某人造板公司粉尘防爆培训教育的针对性有偏差。从管理层到普通员工，对有关粉尘防爆标准的要求和规定掌握有限，培训内容未根据本企业的实际展开。

4. 企业主要负责人未建立健全粉尘防爆及粉尘输送管道内积尘定期清理的规章制度，对本行业的安全生产危险有害因素辨识不清、责任不明，没有按照国家规定，建立健全各项规章制度，随意性很大，每年大修时才清理一次，致使管道内积尘严重。

5. 市经济和信息化局未及时督促、检查、指导企业按照国家标准、行业标准对设备设施进行改造更新，淘汰落后和不符合要求的设备设施。针对涉及粉尘爆炸企业进行隐患排查不彻底。

6. 大兴安岭金河森林公安局虽进行了经常性的消防安全检查（2014 年 4 次消防检查记录、2015 年 1 次），但未针对工业火花探测系统进行监督检查。落实自治区文件《关于印发全区劳动密集型企业消防安全专项治理实施方案的通知》精神不力。

7. 金河镇党委、镇政府根据《安全生产法》有关规定应当落实监管责任。虽与该公司签订安全生产责任状，并开展粉尘防爆治理工作，但对该公司生产状况不够了解，缺乏对涉及粉尘爆炸危险企业的重视，缺少相关机构及配备专业人员，属地监管责任落实不具体。

8. 安监部门（安委会办公室）协调、督促行业管理部门及乡镇人民政府开展对具有粉尘爆炸危险性企业的隐患排查工作不到位。

9. 市政府对综合监管、行业监管、属地监管等部门开展安全生产隐患排查工作安排部署不到位，对贯彻落实《安全生产法》关于负有安全生产监督管理职责的部门和乡镇政府属地监管职责不到位。

四、责任认定及责任者处理的建议

（一）对企业及相关人员的责任认定处理建议

1. 某人造板公司，对生产系统存在的危险有害因素辨识不清，对设备设施应当采取的安全措施了解不够，在车间、工艺技术改造过程中，安全投入不到位，安全设备设施不符合国家标准和行业规范的要求，给生产过程埋下了隐患。企业安全管理存在漏洞，未按规定给职工发放劳动防护用品，制度不健全，隐患排查不到位，职工安全培训教育流于形式。企业曾经不止一次出现火灾事故苗头，没有吸取教训采取措施，最终酿成悲剧，对事故的发生负有责任。依据《安全生产法》第一百零九条处以 70 万元的行政处罚。责令停产停业整顿，达到国家标准和行业规范要求并经验收通过后方可恢复生产。

2. 李某海，公司专职安全员，对本企业生产系统危险有害因素辨识不清，对生产作业现场安全隐患排查不到位，对事故的发生负有重要责任；对公司的安全生产规章制度不健全、职工安全培训教育流于形式负有责任。依据《安全生产法》第九十三条、《安全生产违法行为行政处罚办法》第四十四条第七项，撤销其安全管理人员资格证，给予 2000 元的行政处罚。

3. 龚某鸣，公司生产安全部部长，工作不尽责，没有全面辨识本车间存在的危险有害因素，粉尘爆炸和火灾隐患长期没有得到消除，对事故的发生负有直接责任。依据《安全生产法》第九十三条、《安全生产违法行为行政处罚办法》第四十四条第七项，给予 5000 元行政处罚，撤销其安全管理资格证书。

4. 梁某君，公司分管防火安全的副总经理，对人员密集场所的防火防爆工作管理不力，对火险隐患排查不到位，对事故的发生负有重要领导责任。依据《安全生产法》第九十三条、《安全生产违法行为行政处罚办法》第四十四条第七项，撤销其安全管理人员资格证，给予罚款 8000 元的处罚。

5. 李某森，主管生产和安全的副总经理，对企业的安全管理松懈，未认真协助主要负责人健全本企业的安全生产规章制度，未按照国家标准和行业规范的要求，解决设备设施存在的重大安全缺陷，对职工的安全培训教育不严格、流于形式，对事故发生预兆未采取有效措施。对事故的发生负有直接领导责任。依据《安全生产法》第九十三条、《安全生产违法行为行政处罚办法》第四十四条第七项，撤销其安全管理人员资格证，给予8000元的行政处罚，并建议司法机关立案调查。

6. 张某，公司法定代表人，董事长兼总经理，对公司安全生产负总责，没有履行好公司安全生产第一责任人的职责，公司的安全生产管理存在明显漏洞，没有认真督促、检查公司的安全生产工作，制度不健全，安全投入不到位，造成事故隐患长期得不到消除。对事故的发生负有主要领导责任。依据《安全生产法》第九十条、第九十二条第二款，给予其撤职处分，处上一年收入40%的罚款。

（二）对属地政府及部门监管人员的责任认定和处理建议

1. 崔某芬，金河镇副镇长，分管安全生产工作。按照《安全生产法》要求落实属地乡镇政府安全监管工作不力，多次组织监管人员检查该公司的安全生产，但未发现该公司重大安全隐患，对事故的发生负有主要领导责任，建议给予行政记大过处分。

2. 郭某君，金河镇镇长。属地安全生产监管工作第一责任人，对乡镇安全生产工作负全面责任，对本辖区内重点监管单位没有实施有效的监督检查，监管责任落实不到位。对该起事故的发生负有领导责任，建议给予行政记过处分。

3. 钱某民，金河镇党委书记。没有按照"党政同责，一岗双责"的要求加强对本行政区域内生产经营单位安全生产状况的监督检查。对该起事故的发生负有领导责任，建议给予行政记过处分。

4. 许某涛，金河森林公安局副局长。落实《内蒙古自治区人民政府办公厅关于印发全区劳动密集型企业消防安全专项治理实施方案的通知》精神不够，对企业消防设施的监督检查力度不够。对事故的发生负有领导责任，建议大兴安岭林业公安局给予其行政警告处分。

5. 曹某龙，金河森林公安局消防大队队长。对企业的火险隐患和消防设施的监督检查力度不够。对事故的发生负有领导责任，建议由大兴安岭林业公安局给予其行政记过处分。

6. 王某明，市经济和信息化局副局长。该局虽然与企业签订了安全生产责任状，也开展了大检查，但对粉尘防爆专项整治工作推动不力，隐患排查整治不到位。按照国家标准和行业规范的要求对企业淘汰落后和不合格的设备设施的情况监督检查不到位，对事故的发生负有行业监管责任，建议给予行政记大过处分。

7. 黄某斌，市经济和信息化局局长。落实生产经营单位必须执行依法制定的保障安全生产的国家标准或者行业规范的力度不够，对企业淘汰落后和不合格的设备设施的情况监督检查不到位。对事故的发生负有行业监管责任，建议给予行政记过处分。

8. 张某东，市安监局副局长、安委会办公室主任。虽按照《安全生产监管监察职责和行政执法责任追究的暂行规定》（国家安监总局令 第 24 号）完成监察计划，但指导、协调、督促行业管理部门、专业监管部门对涉及粉尘爆炸危险企业监督检查的力度不够，对事故的发生负有领导责任，建议给予行政记过处分。

9. 张某友，市安监局局长，安委会副主任。指导、协调、督促行业管理部门、专业监管部门对涉及粉尘爆炸危险企业监督检查的力度不够，对事故的发生负有领导责任，建议给予行政警告处分。

10. 孔某永，市分管工业及安全生产副市长。对国家安全生产法律、法规及自治区和呼伦贝尔市安排部署的粉尘防爆专项整治工作宣传贯彻力度不够，落实不到位，对事故的发生负有领导责任，建议给予行政记过处分。

11. 对市政府的处理建议。贯彻落实上级安排部署的粉尘防爆专项整治工作力度不够，向呼伦贝尔市政府做出书面检查。

五、防范建议

1. 相关企业认真开展隐患排查治理和自查自改，要按标准规范设计、安装、维护和使用通风除尘系统，要定时规范清理粉尘，使用防爆电气设备，落实防雷、防静电等技术措施，加强对粉尘爆炸危险性的辨识和对职工粉尘防爆等安全知识的教育培训，严格执行安全操作规程和粉尘防爆规章制度。

2. 做好组织、协调、督促、指导工作，制定本地区落实专项治理工作的方法和措施。准确掌握存在粉尘爆炸危险企业的底数和情况，对违法违规和不落实整改措施的企业要列入"黑名单"严格落实停产整顿、关闭取缔、上限处罚和严厉追责的"四个一律"执法措施。

3. 强化依法治安，建立健全"党政同责、一岗双责、齐抓共管"的安全生产责任体系。坚守安全生产"红线"。要切实落实好基层乡镇政府、经济开发区及行业管理部门的安全监管责任，建立健全安全监管机构，加强基层执法力量，提高安全监管人员的专业素质，提高履职能力。解决好聘请专家进行技术监察所需的资金。按照"管行业必须管安全"的要求，把综合监管、行业监

管、专业监管的力量更好地组织协调调动起来，各司其职，各尽其能，形成齐抓共管的局面，严防安全监管出现"盲区"。

4. 对于设备设施严重老化、安全条件不够、资源消耗型企业要制定相应的产业政策，提高行业准入"门槛"，鼓励他们转产。对存在严重安全隐患，且经过专项整治依然无法达到要求的企业要坚决予以关闭。金河兴安人造板有限公司要全面停产停业整顿，未经相关部门验收不得恢复生产。

5. 设备制造和销售单位对已经销售的、缺少防护装备的生产线，要提醒使用厂家及时排查和改造，必须有符合标准规定的安全防护措施。

案例20　广东省梅州市梅县区
某生物质燃料加工厂"4·15"闪爆事故❶

2020年4月15日，广东省梅州市梅县区某生物质燃料加工厂（以下简称某生物质加工厂）厂房内发生一起违规动火作业引燃木屑闪爆事故，造成2名工人烧伤，直接经济损失约180万元。

一、事故单位概况

某生物质加工厂，投资人：张某和；持有梅州市工商行政管理局梅县分局颁发的营业执照；经营范围：生物质燃料加工、销售；再生物资回收。项目占地面积5000m²，建筑面积4000m²，其中厂房3000m²，仓库1000m²；利用树片、木屑及家具边角料加工成生物质颗粒，年产12000t；设备主要有颗粒主机、打料机、切片机、旋风分离器及布袋除尘器。该厂于2019年4月29日取得区环境保护局批复文件《某生物质加工厂建设项目环境影响报告表的批复》（区环审〔2019〕28号），环境影响评价验收现场监测时间为2019年7月；2019年5月15日取得区发展和改革局颁发的《广东省企业投资项目备案证》。未按《建设项目安全设施"三同时"监督管理办法》的要求履行建设项目安全设施"三同时"相关手续。2019年12月左右完成了厂房建设及部分生产设备的安装，事发时处于生产设备调试阶段，未正式投入生产。

二、事故发生经过和事故救援情况

（一）事故发生经过

2020年4月14日，某生物质加工厂在调试设备过程中发现螺旋机运行有

---

❶ 来源：梅州市梅县区应急管理局官方网站。

问题，特外聘技工丘某安(某生物质加工厂外聘工人)和李某胜(某生物质加工厂外聘工人)前来调试螺旋机。由于输送带在运行调试过程中扬尘较大，厂方要求丘某安、李某胜等给输送带侧面加装一块防护铁板，用于遮挡木粉的扬尘。

2020年4月15日13时左右，谢某林(某生物质加工厂工人)开铲车运送防护铁板和相关材料到加装地点(输送带侧面)，丘某安、李某胜开始给输送带侧面加装防护铁板工作。由丘某安用电焊在输送带侧面焊接加装的防护铁板，李某胜帮助丘某安做相关电焊作业时的辅助工作。在做完电焊工序后，在13时53分40秒(视频监控显示时间，下同)的时候某生物质加工厂安排工人谢某华送氧割设备(氧气和乙炔)到防护铁板加装点，进行气割作业。气割差不多完成时，即在13时55分38秒，工人谢某林则到电气控制柜操作台上开动设备，进行操作调试。这时输送带的传送架缓慢下降，在传送架下降的过程中不断有粉状物体(疑似木屑)飘下，传送带开始运转，不断有粉状物从传送带输出。气割作业完毕后，在13时57分08秒，工人谢某华将氧割设备(氧气和乙炔)搬离防护铁板加装点，丘某安、李某胜在输送带旁收拾工具。

2020年4月15日13时57分41秒，在烘干机出料口与输送带接料处突然向输送带出料方向出现明火，随后伴随着一声巨响和一个大火团，烘干机端部和出料的输送带附近的东西燃烧起来。这时有2人(丘某安、李某胜)从加装的防护铁板处往外奔跑逃生，其中1人(李某胜)上身有明火，他迅速把身上的明火扑灭；另1人(谢某林)从操作台处往外奔跑逃生，头发、上衣已被火烧无，下半身仍有明火，在13时58分02秒时才逃离到输送带一侧的一堆木屑旁，但是其身上还在着火，在走动中，其身上的火也迅速加大燃烧，他没有就地滚动，也没有人拿灭火器对其进行灭火。

13时58分07秒，现场视频监控中断，事故造成2人(某生物质加工厂工人谢某林、外聘技工李某胜)烧伤。

发生火灾后，厂长钟某方马上拨打119和120，在办公室的主要负责人曾某昌听到巨响后也过来车间查看事故现场。

(二)应急救援情况

事故发生时，某生物质加工厂厂长钟某方在现场，看到外聘技工李某胜、丘某安撤离闪爆现场，听到本厂工人谢某林的呼救后，钟某方当即上前帮谢某林把其身上的明火扑灭并搀扶谢某林到办公室休息。同时，厂长钟某方拨打119、120求救，主要负责人曾某昌和随后赶来投资人张某和也赶到事故现

场查看情况并组织抢救，区消防救援大队赶到现场后用了约 30min 将明火扑灭；同时，救护车赶到现场后，某生物质加工厂安排专人陪同谢某林、李某胜、丘某安送至市中医医院进行救治。经了解，某生物质加工厂工人谢某林除双腋窝、下腹部、左侧腹股沟、左大腿外侧、双足底、部分足背外，其余创面均被烧伤，面积共计约 90%；外聘技工李某胜颈背部烧伤。

（三）善后处理情况

2020 年 4 月 15 日 15 时左右，县区应急管理局接到白渡镇人民政府传真来的《关于某生物质加工厂发生一起火灾的报告》。报告中称，4 月 15 日 14 时左右，接某生物质加工厂报告，其厂区内发生一起火灾，经初步调查，是厂区烘干机导热管爆炸引燃木屑，造成 2 名工人烧伤（谢某林，区城东镇人；李某胜，梅江区西阳镇人）。接报后，区消防救援大队、白渡镇党委政府、卫生院和派出所等相关部门迅速到现场进行应急处置，伤员已第一时间已送至市中医医院救治，目前火灾已得到控制，后续工作正有序开展。区应急管理局接到白渡镇人民政府报告和区委、区政府领导的指示后，组织相关同志迅速到某生物质加工厂进行现场初步勘察以及询问相关人员对事发经过进行初步了解。区应急管理局于 2020 年 4 月 15 日（事故当日）下午向某生物质加工厂发出《关于停止生产经营活动的通知》。某生物质加工厂为谢某林、李某胜已分别支付 140 多万元、30 多万元相关医疗费用。

三、事故原因

（一）直接原因

丘某安在进行电焊作业和气割作业时，没有采取安全防火、隔离等措施，致使炽热的焊渣或气割下来的炽热金属碎片(粒)残留或吸附在输送带上，成为涉爆粉尘的点火源。同时，在电焊完毕，继续气割时，未经过清理、清扫等，据监控视频显示谢某林已经开动输送带等设备；这时也没有任何人开动烘干机端部的除尘系统。

输送带、烘干机等设备运转起来，烘干机内木粉尘输出，在烘干机出口漏斗与皮带结合处，形成木粉尘云，木粉尘与空气充分混合达到木粉尘爆炸极限，在输送带接料处遇到炽热的焊渣或气割下来的炽热金属碎片(粒)点火源，发生了粉尘燃爆事故，迅速放出燃烧气体，并与空气混合点燃传播，形成粉尘闪爆。

同时，作业场所通风不良、没有开动除尘系统，致使粉尘悬浮在空气中，与空气混合形成爆炸极限范围内混合物；顷刻间完成燃烧过程，释放大量热能，使燃烧气体骤然升高，体积猛烈膨胀，形成很高的膨胀压力。燃烧后的粉尘氧化反应十分迅速，它产生的热量能很快传递给相邻粉尘，从而引起一系列连锁反应，最终形成粉尘闪爆。这是导致此次粉尘爆炸事故发生的直接原因。

（二）间接原因

1. 某生物质加工厂未落实安全生产主体责任，安全生产管理制度不完善，对作业施工现场情况疏于管理，未认真落实安全隐患排查并及时消除安全隐患，对作业施工现场监管不到位。一是未制定临时雇佣人员管理制度、劳动防护用品配备和使用管理制度等。二是现场作业管理不规范。作业现场使用的电焊、气割作业未经审批，没有按照 GB 15577《粉尘防爆安全规程》等规定办理动火审批作业证。动火作业没有设置专人监火，动火作业前也没有清除动火现场及周围的易燃物品(在电焊、气割作业的附近堆放大量的木屑、木粉等；电焊、气割前没有对需要电焊修补的输送带上的木屑、木粉进行清除干净；电焊、气割作业前也没有对烘干机内部还储存一定量的木屑、木粉进行清除干净，且电焊、气割作业时也没有开动设置在烘干机端部的除尘设施)，电焊、气割作业前也没有采取任何的安全防火、隔离措施；厂房也没有设置通风设施。三是安全生产教育和培训工作不到位。员工没有经过安全培训和岗前教育。四是电焊工作业人员无证上岗，作业人员缺乏必要的安全知识特别是涉爆粉尘的安全知识，工作前未能对所维修的设备设施和场所进行辨识检查，盲目冒险作业，自我保护意识不强。安全管理不到位。五是该加工厂未建立、健全本单位安全生产责任制，未组织完善本单位安全生产规章制度(包括对相关方的安全管理制度)和操作规程。未能及时督促、检查本单位的安全生产工作。六是将维修中的电焊作业给不具备相应资质的个人(丘某安)操作。

2. 丘某安安全意识淡薄，未按规定取得特种作业操作证，从事电焊作业不具备特种作业安全知识。

3. 谢某林、李某胜安全意识淡薄、忽视安全、操作失误。

四、责任认定及责任者处理的建议

1. 某生物质加工厂，主体责任不落实，未按《建设项目安全设施"三同时"监督管理办法》的要求履行建设项目安全设施"三同时"相关手续。安全管理不到位，安全生产的规章制度和安全操作规程不健全；隐患排查不全面、不彻底，未能及时发现并消除事故隐患；对员工及外来施工人员的安全培训教育不到位，安全意识淡薄；对现场作业疏于管理，对事故发生负有管理责任。没有按照 GB 15577《粉尘防爆安全规程》等规定办理《动火审批作业证》；没有为现场作业人员配备安全帽等劳动防护用品；将维修的电焊作业给不具备相应资质的个人(丘某安)操作等。某生物质加工厂违反《安全生产法》第二十五条、第四十条、第四十二条、第四十六条和 GB 15577《粉尘防爆安全规程》6.2.1 之规定，建议应急管理部门按照《安全生产法》第一百零九条第一款之规定对某生物质加工厂依法做出行政处罚。

2. 曾某昌，某生物质加工厂主要负责人，未认真落实《安全生产法》赋予的安全生产管理职责，对本单位安全管理制度不落实、安全教育培训不到位，对事故发生负有领导责任。建议应急管理部门按照《安全生产法》第九十二条相关规定对某生物质加工厂主要负责人曾某昌依法做出行政处罚。

3. 丘某安，未接受安全教育，安全意识淡薄，未持证上岗的情况下，没有采取任何的安全防火、隔离措施进行电焊、气割作业导致发生火灾爆炸事故，对事故的发生负有直接责任。建议应急管理部门按照《安全生产法》第九十四条相关规定对丘某安依法做出行政处罚。

4. 谢某林，未接受安全教育，安全意识淡薄，停止气割作业后，在没有启动除尘系统的前提下，也没有清除清扫残留在输送带上的炽热的焊渣或气割下来的炽热金属碎片(粒)，就开动输送带和烘干机，导致发生火灾爆炸事故，对事故的发生负有责任。建议某生物质加工厂对谢某林按公司管理规定处理。

五、防范建议

1. 加工厂应建立、健全本单位安全生产责任制；组织制定和完善本单位安全生产规章制度和操作规程；组织制定并实施本单位安全生产教育和培训计划，保证本单位安全生产投入的有效实施；履行建设项目安全设施"三同时"相关手续；督促、检查本单位的安全生产工作，及时消除生产安全事故隐患；组织制定并实施本单位的生产安全事故应急救援预案。按要求完善建设项目安全设施"三同时"相关手续。

2. 有关行业监管部门要举一反三，深刻吸取事故教训，按照"党政同责、一岗双责、失职追责"及"管行业必须管安全""属地管理原则"等要求，加强对相关企业设备更新升级改造施工安全的宣传教育工作。

案例21　山东省菏泽市曹县某木制品厂"8·31"燃爆事故❶

2018年8月31日，山东省菏泽市曹县庄寨镇某木制品厂（以下简称某木制品厂）发生一起较大燃爆事故，共造成5人死亡、2人受伤，直接经济损失491万元。

一、事故单位概况

某木制品厂2007年建设，2008年初建成投产，2014年11月注册，投资人全某礼，合伙人丁某生，经营范围为木制品加工销售。厂区呈四边形，占地面积6667m²，建筑面积3000m²，该公司未取得国有土地使用权，未依法通过消防验收。该公司现有年产15000m³刨花板生产装置一套，生产工艺由备料、拌胶、成型热压、锯边冷却、砂光五个工段组成，事故发生在备料工段的粉碎机处。企业共有员工13人，事发时现场作业人员共计10人，其中粉碎机干燥机处作业1人、上料铺装处作业6人、卸板切边处作业3人。

二、事故发生经过和事故救援情况

（一）事故发生经过

2018年8月30日19时30分，该厂职工王某福、王某中、崔某生等10人陆续进厂开始工作，在8月31日零时发现粉碎机轴承发生故障，零时30分停止作业。粉碎机操作工鹿某田向带班负责人张某中报告，粉碎机轴承出现故障，要求停工维修。张某中以耽误干活挣钱为由，要求大家继续作业。零时57分员工陆续回到各自生产岗位，1时06分正式开工作业。1时13分25秒，在烘干炉北侧，粉碎机附近突然发生燃烧爆炸，造成粉碎和上料铺装岗位7名作业人员烧伤。

（二）事故报告情况

事故发生后，6名伤者乘坐救护车，1名伤者乘坐私家车前往医院救治，企业主要负责人全某礼没有向政府和有关部门报告。9月1日，有3名伤者经抢救无效死亡。9月2日，全某礼与2名死者家属签订了赔偿协议，与第3名死者未能就赔偿问题达成协议。11时34分，全某礼电话向全大营村支部书记全某和报告了本企业发生事故，造成了1死2伤，谎报生产安全事故。

9月2日12时05分，全某和向丁寨村支部书记丁某录电话通报了事故情

❶ 来源：菏泽市人民政府官方网站。

况，请求他向镇政府领导进行报告。12时34分，丁某录电话向庄寨镇镇长陈某忠报告事故情况。陈某忠于9月2日安排庄寨镇计生办副主任韩某胜到市立医院了解人员伤亡情况，韩某胜没有和伤亡者家属接触，未核实清楚事故造成的伤亡人数，仅听取了丁某生的一面之词，丁某生说事故造成1死2伤，1名死者已经拉走，2名伤者正在医院治疗。15时50分，陈某忠将事故造成1死2伤的书面事故报告分别送至县安监局和县政府应急办。16时29分，县安监局将事故情况分别报市安监局和县人民政府。

9月3日，县政府成立事故调查组，组织开展事故调查工作，未认真核实事故造成的人员伤亡等情况。

9月7日22时许，丁寨村村委副主任丁某山将群众议论事故实际上造成3死4伤的消息告诉了村支部书记丁某录，丁某录感到性质很严重，立即向庄寨镇镇长陈某忠报告，庄寨镇进行了核实。23时，陈某忠按照事故报告规定，分别向县安监局和县政府应急办报告。

9月8日1时10分，1名伤者经抢救无效死亡，事故造成4人死亡、3人受伤。

9月12日11时35分，1名伤者抢救无效死亡，事故造成5人死亡、2人受伤。

（三）应急救援情况。

事故发生后，企业负责人、维修工和3名安全撤离的切边工人立即开展自救，第一时间营救受伤人员，启动消防设施进行灭火。8月31日1时16分，主要负责人全某礼拨打了120和119报警，1时30分左右庄寨镇消防中队到达现场进行救火，1时46分县消防大队接到庄寨镇消防中队增援请求，1时52分市急救中心救护车到达现场，并将受伤人员紧急送至市立医院进行救治，凌晨4时左右，大火基本扑灭。

（四）善后处置情况。

接到事故报告后，庄寨镇党委政府迅速组织召开党政联席会议，安排部署事故善后事宜，积极做好死者和伤者家属安抚工作，并妥善处理事故后续相关工作。5名死者已赔偿到位，2名伤者在医院救治。

三、事故原因

（一）直接原因

该公司未有效落实通风和除尘措施，在粉碎锯末和刨花作业过程中，产生大量木屑，长时间地面沉积、空气中悬浮，与空气形成混合物；粉碎机轴承在损坏的情况下，高速运转研磨产生高温，超过木屑引燃温度（430℃），引燃粉碎机轴承周围木屑，形成着火源，迅速引爆整个生产车间，形成燃爆。

（二）间接原因

1. 某木制品厂带班负责人张某中强令从业人员冒险作业，是事故发生的主要原因。

事故发生前，带班负责人张某中在明知粉碎机轴承故障，存在安全生产隐患未排除的情况下，不顾从业人员反对，仍强令从业人员冒险作业。

2. 某木制品厂安全生产主体责任落实不到位，是事故发生的主要原因。

（1）某木制品厂未建立健全安全生产规章制度和操作规程；未开展风险分级管控和隐患排查治理；未对从业人员进行安全教育培训，从业人员对设备故障导致危害后果的严重性认识不足；未制定有针对性的应急处置方案，并按规定开展应急救援演练；未按规定为从业人员发放劳动防护用品，并监督从业人员佩带使用；未对粉碎机等设备进行定期维护保养。

（2）庄寨镇党委政府履行安全生产属地管理责任不到位。对本级有关部门履行安全生产工作职责不到位情况失察，管理不严；对企业谎报生产安全事故行为核实不力；贯彻实施《县深入开展风险隐患大排查快整治严执法集中行动确保重点行业领域安全生产形势稳定工作方案》不深入，督促企业排查治理安全生产隐患不彻底；对企业落实安全生产主体责任监督检查不严格，督促事故企业整改安全生产隐患不到位；未能有效保护事故现场；对事故企业违法占地监管不到位；对事故企业消防监督检查不到位。

（3）县林业局对林产品加工生产经营单位指导监督不到位。落实"管行业必须管安全、管业务必须管安全、管生产经营必须管安全"要求不到位；未按照《县安全生产行政责任制规定》全面履行安全生产工作职责，指导、监督林产品加工生产经营单位安全生产工作不力；未按照《县深入开展风险隐患大排查快整治严执法集中行动确保重点行业领域安全生产形势稳定工作方案》要求，认真开展林产品加工生产经营单位安全生产专项整治。落实《生产安全事故报告和调查处理条例》事故报告有关规定不到位。

（4）县民营经济发展办公室对中小企业、乡镇企业安全生产工作指导督促不力。落实"管行业必须管安全、管业务必须管安全、管生产经营必须管安全"要求不到位；未按照《县安全生产行政责任制规定》全面履行安全生产工作职责，督促指导中小企业、乡镇企业安全生产工作不力。

（5）县安监局贯彻落实《县深入开展风险隐患大排查快整治严执法集中行动确保重点行业领域安全生产形势稳定工作方案》不细致，组织工商贸行业安全生产监督检查不到位。

（6）县人民政府贯彻落实安全发展理念不到位，督促指导庄寨镇政府和本级政府有关部门履行安全生产工作职责不到位。未严格落实《生产安全事故报告和调查处理条例》事故报告有关规定。

四、责任认定及责任者处理的建议

（一）免于责任追究的人员（1人）

张某中强令从业人员冒险作业，对事故发生负有直接责任，鉴于已在事故中死亡，免于追究责任。

（二）建议移送司法机关追究刑事责任的人员（2人）

1. 仝某礼，某木制品厂主要负责人。涉嫌重大责任事故罪，依据《刑法》第一百三十四条之规定，建议司法机关追究其刑事责任。2018年9月30日被检察机关批准逮捕。依据《安全生产法》第九十一条之规定，建议自刑罚执行完毕之日起，五年内不得担任任何生产经营单位的主要负责人。

2. 丁某生，山东省县技工学校招生办职工，某木制品厂合伙人。涉嫌重大责任事故罪，依据《刑法》第一百三十四条之规定，建议司法机关追究其刑事责任。2018年9月5日，被司法机关刑事拘留，9月30日转监视居住。待司法机关做出处理后，由纪检监察机关或负有管辖权的单位及时给予相应的政务处分。

（三）建议给予党政纪处分人员（13人）

1. 种某草，县庄寨镇安监办专职副主任。对企业落实安全生产主体责任检查不严格，督促事故企业整改安全隐患不力。对事故单位存在安全生产违法违规行为未及时报告负有安全生产监督管理职责的部门。对事故发生负有监管责任，依据《公职人员政务处分暂行规定》第三条、第六条、《行政机关公务员处分条例》第二十条和《安全生产领域违法违纪行为政纪处分暂行规定》第四条之规定，建议给予政务记大过处分。

2. 郭某鹏，县庄寨镇综合执法大队副大队长，负责综合行政执法等工作。对非法占地行为执法检查不到位，对事故企业未取得国有土地使用权负有监管责任。依据《公职人员政务处分暂行规定》第三条、第六条和《事业单位工作人员处分暂行规定》第十七条第一款第九项之规定，建议给予政务记过处分。

3. 丁某存，县公安局庄寨派出所副所长（代理），负责消防监督检查等工作。消防监督检查不到位，对事故企业未依法通过消防验收负有监管责任。依据《公职人员政务处分暂行规定》第三条、第六条，《行政机关公务员处分条例》第二十条和《安全生产领域违法违纪行为政纪处分暂行规定》第四条第一款之规定，建议给予政务警告处分。

4. 韩某胜，县庄寨镇计生办副主任。对事故造成的人员伤亡情况核实不力。对谎报事故负有重要领导责任，依据《公职人员政务处分暂行规定》第三条、第六条，《行政机关公务员处分条例》第二十条和《安全生产领域违法违纪行为政纪处分暂行规定》第四条第一款之规定，建议给予政务警告处分。

5. 秦某，县庄寨镇分管农林和安全生产工作负责人。对林产品加工行业主管部门履行安全生产工作职责不到位问题失察；贯彻实施《县深入开展风险隐患大排查快整治严执法集中行动确保重点行业领域安全生产形势稳定工作方案》不深入。对事故发生负有主要领导责任，依据《中国共产党纪律处分条例》第一百四十二条第二款、《中国共产党纪律处分条例》第一百二十五条和《山东省生产安全事故报告和调查处理办法》第三十五条之规定，建议给予党内严重警告处分。

6. 陈某忠，县庄寨镇党委副书记、镇长。对本镇有关部门履行安全生产工作职责不到位问题失察；事故应急处置不力。对事故发生负有重要领导责任，依据《公职人员政务处分暂行规定》第三条、第六条，《行政机关公务员处分条例》第二十条和《安全生产领域违法违纪行为政纪处分暂行规定》第四条第一款之规定，建议给予政务记过处分。

7. 郭某民，县庄寨镇党委书记。督促庄寨镇政府履行安全生产工作职责不力，落实安全生产"党政同责、一岗双责"不到位。对事故发生负有重要领导责任，依据《公职人员政务处分暂行规定》第三条、第六条，《行政机关公务员处分条例》第二十条和《安全生产领域违法违纪行为政纪处分暂行规定》第四条第一款之规定，建议给予政务警告处分。

8. 李某军，县林业局党组成员、森林公安局局长，分管安全生产工作。没有认真履行安全生产工作职责，监督检查林产品加工生产经营单位安全生产工作不到位，未有效核实事故情况。对事故发生负有主要领导责任，依据《公职人员政务处分暂行规定》第三条、第六条，《行政机关公务员处分条例》第二十条和《安全生产领域违法违纪行为政纪处分暂行规定》第四条第一款之规定，建议给予政务记过处分。

9. 王某飚，县林业局党组书记、局长。没有认真履行安全生产工作职责，督促落实林产品加工行业领域安全生产工作不力；未按照《生产安全事故报告和调查处理条例》规定报告事故情况。对事故发生负有重要领导责任，依据《公职人员政务处分暂行规定》第三条、第六条，《行政机关公务员处分条例》第二十条、第二十四条和《安全生产领域违法违纪行为政纪处分暂行规定》第四条第一款之规定，建议给予政务记过处分。

10. 郑某，县民营经济发展办公室副主任，分管安全生产工作。没有认真履行安全生产工作职责，贯彻落实上级安全生产工作要求不认真，督促指导中小企业、乡镇企业安全生产工作不到位。对事故发生负有监管责任，依据《公职人员政务处分暂行规定》第三条、第六条，《行政机关公务员处分条例》第二十条和《安全生产领域违法违纪行为政纪处分暂行规定》第四条第一款之规定，建议给予政务警告处分。

11. 裴某言，县安监局副局长，分管工商贸安全生产工作。没有认真履行安全生产工作职责，对工商贸行业安全生产工作监督检查不到位，未有效核实事故情况。对事故发生负有重要领导责任，依据《公职人员政务处分暂行规定》第三条、第六条，《行政机关公务员处分条例》第二十条和《安全生产领域违法违纪行为政纪处分暂行规定》第四条第一款之规定，建议给予政务警告处分。

12. 马某昌，县人民政府副县长，分管林业等工作。对林业部门未认真履行安全生产工作职责问题失察；督促林业部门履行事故报告职责不到位。对事故发生负有重要领导责任，依据《中国共产党纪律处分条例》第一百四十二条第二款、2015 年《中国共产党纪律处分条例》第一百二十五条和《山东省生产安全事故报告和调查处理办法》第三十五条之规定，建议给予党内警告处分。

13. 王某忠，县人民政府党组成员，分管安全生产工作。作为县政府某木制品厂事故调查组组长，对调查核实事故情况指导管理不到位负有重要领导责任。依据《地方党政领导干部安全生产责任制规定》第十八条第三款、《中国共产党问责工作条例》和《关于对党员领导干部进行诫勉谈话和函询的暂行办法》之规定，建议给予诫勉。

（四）建议给予行政处罚的人员和单位

1. 建议给予行政处罚的人员。仝某礼，某木制品厂主要负责人。未履行安全生产工作职责，事故发生后谎报事故。建议县安监局依据《生产安全事罚款处罚规定（试行）》第十三条、第十八条、第二十条之规定，对其处 2017 年年收入 140% 罚款的行政处罚。

2. 建议给予行政处罚的单位。某木制品厂。建议依据《安全生产法》第一百零九条和《国家安全监管总局关于修改〈生产安全事故报告和调查处理条例〉罚款处罚暂行规定等四部规章的决定》之规定，由县安监局对其做出处 90 万元罚款的行政处罚。

（五）其他建议

1. 责成县庄寨镇党委政府向县委县政府做出深刻书面检查。

2. 责成县林业局、民营办、安监局向县政府做出深刻书面检查。

3. 责成县人民政府向市人民政府做出深刻书面检查。

五、防范建议

1. 组织开展林产品加工企业安全生产专项整治，重点排查企业是否依法依规办理相关证照或手续，是否具备安全生产条件，是否存在重大安全生产隐患，是否存在违法违规生产、经营、建设行为，要通过专项整治，曝光一批重大安全隐患、惩治一批典型违法行为、通报一批"黑名单"生产经营企业、取缔一批非法违法企业、关闭一批不符合安全生产条件的企业。

2. 加强设施设备检维修管理，建设安全生产设施、设备管理台账和档案，定期对安全设施设备进行检查和维护保养，对不满足安全生产条件的要坚决维修更换，防止设备带故障运行。

3. 严格落实安全生产责任制。按照"党政同责、一岗双责、齐抓共管、失职追责"和"管行业必须管安全、管业务必须管安全、管生产经营必须管安全"的要求，严格落实安全生产责任制，扎实推进安全生产工作的有效落实。各级党政主要负责人要切实履行安全生产"第一责任人"的责任，亲自抓、负总责，督促班子成员抓好分管行业和领域的安全生产工作，形成分工协作、齐抓共管的安全生产责任体系。

4. 强化教育培训和现场管理。进一步加强从业人员的安全教育培训，建立健全员工三级安全教育培训档案，确保从业人员具备必要的安全生产知识，掌握本岗位的安全操作技能，熟悉有关安全生产规章制度和安全操作规程，严禁未经安全教育培训和培训不合格的从业人员上岗作业。要强化作业现场安全管理，严格执行作业前技术交底制度，完善重点部位的安全警示标识，认真检查各项安全制度的落实情况。要认真进行安全隐患排查治理，坚决杜绝违章指挥、违章作业和违反劳动纪律现象，严防类似事故的发生。

5. 严格信息报送和事故调查工作。要做好生产安全事故和其他紧急突发事件的信息报送工作，保持安全生产信息渠道畅通，坚决杜绝迟报、瞒报、谎报生产安全事故行为。严格事故调查，认真核查事故造成的人员伤亡和财产损失情况，确保事故调查客观真实。

6. 加速推进安全风险分级管控和隐患排查治理双重预防体系建设。按照《工贸行业重大事故隐患判定标准（2017版）》，全面辨识林产品加工安全生产风险，深入排查安全事故隐患，建立风险隐患双重预防长效机制，加大风险管控力度，着力消除林产品加工行业各类重大事故隐患，有效提升企业安全生产本质安全水平。要督促企业全面辨识风险因素，制定风险管控清单，落实风险管控责任，严格排查事故隐患，强化源头治理，关口前移，切实提高事故防范意识和安全管理能力。

案例22　河北省廊坊市某木业公司"10·22"爆炸事故❶

2016年10月22日，河北省廊坊市廊坊某木业有限公司（以下简称某木业公司）木业（胶合板）生产车间室外木粉尘收集室起因设备缺陷、安全生产管理不到位而引发粉尘爆炸生产安全责任瞒报事故，造成1人死亡、2人受伤，直接经济损失110余万元。

一、事故单位概况

某木业公司主要生产、销售胶合板、细木工板、集成材、家具、木地板、人造板、木材、木制品，销售木工设备、黏合剂、密度板、刨花板、木塑板、石膏板、涂料、集装箱、玻璃、钢铁制品以及本企业自产产品及技术的出口业务和本企业所需的机械设备、零配件、原辅材料及技术进出口业务，代理进出口业务与相关的售后服务。现有从业人员260人，设有安全生产管理机构——安全生产办公室，配备专职安全管理人员3人。

二、事故发生经过和事故救援情况

（一）事故发生经过

2016年10月22日14时45分，维修组工作人员李某岭和潘某维修完木板加工车间的蒸气回收装置返回维修车间，梁某程当时正在维修车间中部修

---

❶ 来源：廊坊市安全生产监督管理局官方网站。

理升降台，李某岭在车间南部工具箱处收拾工具，潘某坐在东南墙角的椅子上玩手机。此时粗砂光机操作工王某亮正在木业车间进行板材砂光作业。15时许，维修车间紧邻的旋风式收尘器处发生第一次爆炸，李某岭喊了一声快跑，随即梁某程和李某岭分别从维修车间东西侧门跑出，潘某当时未及时反应，过了5~6s，收尘器下方集尘室发生二次粉尘爆炸，能量较大，导致集尘室北墙、旋风式收尘器和维修车间南墙倒塌，潘某在维修车间的东南墙角被砸在了墙体下部。

（二）事故救援情况

事故发生后，某木业公司副总经理李某东和办公室主任孙某卿听到爆炸声后先后赶到现场，孙某卿组织张华、蒲某、王某亮等人开展救援工作。15时20分许，李某岭与梁某程被公司车辆送到某医院救治，15时30分许，潘某被从倒塌墙体下救出，某木业公司职工王某秋通过私人关系联系到某医院救护车，将潘某送到某医院时，已无生命迹象。事故中，李某岭和梁某程被烧伤，经送医院救治约10天后康复，继续在某木业公司上班。

（三）事故瞒报情况

事故发生时，某木业公司总经理宋某明在外地出差，接到办公室主任孙某卿事故汇报后，宋某明责成副总经理李某东处理事故并上报，李某东没有向政府及相关部门报告事故情况，构成瞒报。2016年11月2日，宋某明出差回公司后，知道了善后赔偿、设备维修更新、事故没有上报等具体情况，认为事故善后处理比较稳妥，也没有造成社会恶劣影响，没有及时纠正李某东的瞒报行为，至2017年3月15日被举报查实，构成了事实上的企业瞒报。举报称："10月16日，霸州市某木业公司发生一起粉尘爆炸事故，造成3人当场死亡，企业给予每人50万元补偿款，因家属不满意，死者家属到市安监局和市政府反映情况，最终以每人80万元平息事故"。经过调查询问死者潘某之兄潘某、母亲孙某珍、妻子徐某梅、儿子潘某宇等近亲属手写证明，他们都没有向政府及安监部门反映过此事故，而是直接与某木业公司公司孙某卿等人在胜某劳动仲裁处达成赔偿协议。市政府、胜芳镇政府、市安监局在接到上级核查函之前对事故情况并不知情，也未接到关于某木业公司的事故报告，市政府和市安监局对此事故没有瞒报和参与赔偿。

三、事故原因

（一）直接原因

木业车间砂光机在生产过程中，木板表面存有金属物经砂光带摩擦后被收尘器吸入收尘管道，在收尘管道中撞击管道内壁产生火花或本身炙热，具备了点火能量且板材砂光机未按照 AQ 4228《木材加工系统粉尘防爆安全规范》要求安装火花探测和自动报警装置，引起粉尘爆炸，炸塌维修车间与吸尘室中间的隔墙，砸中墙边的公司员工潘某。

（二）间接原因。

1. 某木业公司粉尘收尘室未按照 GB/T 15605《粉尘爆炸泄压指南》要求设置泄爆装置。

2. 某木业公司未建立岗位安全操作规程，未开展粉尘爆炸专项教育和员工安全培训，员工缺乏木粉尘爆炸危险辨识能力。

3. 某木业公司具有爆炸危险的粉尘收集室与维修车间贴临建造，违反 GB 50016《建筑设计防火规范》要求。

4. 某木业公司未对木粉尘爆炸进行风险辨识，缺乏防范措施。

5. 市胜芳镇党委、政府未认真履行"党政同责、一岗双责"职责，监督检查不力，未发现某木业公司在安全培训、操作规程和安全设施等方面存在的隐患和问题。

6. 市安监局、市安监局胜芳分局对企业安全生产监督检查不力，未发现企业存在的重大隐患，未按照规定将企业纳入涉爆粉尘目录。

四、责任认定及责任者处理的建议

（一）建议给予公司内部处理的责任人员

1. 张某，某木业公司三厂厂长，负责设备运行。未尽到安全管理职责，对事故发生负有责任，建议某木业公司依据内部规定给予处理，罚款 3000 元，处理结果报市安监局备案。

2. 许某强，某木业公司三厂主任，负责设备人员安全。未尽到安全管理职责，对事故发生负有责任，建议某木业公司依据内部规定给予处理，罚款 3000 元，处理结果报市安监局备案。

（二）建议给予党纪处分及组织处理的人员

1. 赵某星，时任市胜芳镇人民政府主任科员，分管安全生产工作。对下级履行安全生产监管职责不力失察，负有主要领导责任。建议给予其行政警告处分。

2. 韩某，市胜芳镇人民政府经委职工。未认真贯彻国家法律法规政策，对辖区企业监管不力。建议给予其行政警告处分。

3. 刘某良，市安监局副主任科员。按分工负责霸州市域内涉爆粉尘企业监管，对分管工作监管失察，负有领导责任，建议给予其行政警告处分。

4. 曾某，市安监局职卫中队队长。按分工负责查处霸州域内粉尘涉爆企业，未认真贯彻落实国家法律法规政策，监督检查不力。建议给予其行政警告处分。

（三）建议给予行政处罚的人员

1. 宋某明，某木业公司总经理，负责全面工作。未履行安全生产工作职责，对事故发生负有管理责任，事故发生后瞒报事故。建议市安监局依据《生产安全事故罚款处罚规定（试行）》第十三条第二项、第十八条第一项、第二十条之规定，对其处 2015 年年收入 100%、30% 的罚款。

2. 李某东，某木业公司副总经理，负责安全生产工作。未履行安全生产管理职责，对事故发生负有重要责任，事故发生后瞒报事故。建议市安监局依据《生产安全事故罚款处罚规定（试行）》第十三条第二项之规定，给予其2015 年年收入 100% 的罚款。

（四）对事故责任单位的行政处罚建议

某木业公司安全生产设施不完善，对公司员工安全教育培训不到位，事故发生后瞒报事故。建议市安监局依据《生产安全事故罚款处罚规定（试行）》第十二条、第十四条第二款、第二十条之规定，对瞒报企业处 165 万元罚款。

（五）对有关单位的处理建议

1. 胜芳镇党委、政府未认真履行安全生产"党政同责、一岗双责"，对乡镇和职能部门不认真履行职责的情况失察。建议胜芳镇党委、政府向市委、市政府做出深刻书面检查。

2. 市安监局胜芳分局未认真履行安全监管职责，对某木业公司公司存在的未建立岗位安全操作规程、未组织公司员工专项培训、设施不完善等问题不能及时发现。建议由市安全生产委员会办公室通报批评。

五、防范建议

1. 依据 AQ 4228《木材加工系统粉尘防爆安全规范》第 6.2.1.2 条规定要求板材砂光机应安装火灾探测和自动报警装置。依据 GB 17919《粉尘爆炸危险场所用收尘器防爆导则》第 4.8.2 条规定要求收尘器应按 GB/T 15605 设置泄爆装置。依据 GB 17919《粉尘爆炸危险场所用收尘器防爆导则》第 4.1.12 条规定要求收尘器应设有灭火用介质管道接口。提升涉粉尘区域本质安全条件，更换粉尘防爆型电气设备，规范电气线路布设，防爆电气设备安装应符合 GB 50257《电气装置安装工程爆炸和火灾危险环境电气装置施工及验收规范》的要求。严格要求涉粉尘区域作业人员的规范操作和危险作业工作许可制。

2. 严格落实企业主体责任。深刻汲取事故教训，举一反三，强化"红线"意识，完善安全生产责任体系，做到管业务必须管安全、管生产经营必须管安全。要强化安全生产第一意识，落实安全生产主体责任，加强安全生产基础能力建设，坚决遏制安全生产事故发生。企业主要负责人及各职能部门要各司其职、各负其责，按照"五落实五到位"的要求，切实履行安全职责。加大安全生产投入，健全安全管理机构，配足安全管理人员，加强教育培训，认真组织开展安全生产隐患排查，建立完善隐患排查体制机制，健全预警应急体系，深入排查和有效化解各类安全生产风险，全面加强企业安全管理各项工作，提高安全生产保障水平。

3. 充分辨识企业生产经营活动中的危险因素，制订出行之有效的管理措施加以实施，加强风险管理，建立风险清单，利用过程管控措施消除生产过程中的风险和隐患，制定有针对性的粉尘爆炸危险场所安全生产规章制度、操作规程和粉尘爆炸危险场所清扫制度，制度内容应包含清扫时间(周期)、范围、清扫方式、责任人和检查要求等。

4. 加强现场设备管理。完善设备定期维护保养制度，落实执行设备日常巡检和点检制度，对损坏设备及时维修，防止设备带病运转；对设备轴端、电气柜、控制柜定期除尘，保证设备良好运转，对发现的设备隐患及时处理；做好生产作业现场外溢粉尘的控制，对设备及周边环境的粉尘实行定期清理。

5. 切实加强相关方的安全监管。对已发包项目和相关方作业要严格实施安全监管，进行统一协调、管理，严格落实各项管理制度，做好安全交底、危险告知和安全确认。在相关方作业过程中，对相关方的安全措施落实情况进行全程监督检查，确保各项安全措施落实到位。

6. 加强员工安全生产管理制度、岗位操作规程及生产安全综合应急预案和专项应急预案的培训学习，补充并完善岗位突发意外情况的现场应急处置方案或措施，定期组织员工培训及演练。

第七章　纺织品加工

案例23　山东省青岛市胶州市某纺织有限公司"6·23"火灾事故❶

2019年6月23日，山东省青岛市胶州市某纺织有限公司（以下简称某纺织公司）发生一起火灾事故，致3人死亡、2人受伤，部分生产设备、产品及建（构）筑物不同程度受损，直接经济损失485万元。

一、事故单位概况

（一）事故单位基本情况

某纺织公司经营范围：织布，批发，零售；纺织原料、棉布、针纺织品、纺织机械配件，自营和代理一般经营项目商品和技术的进出口业务等。于2003年开始建设厂房，并于2008年进行扩建。公司总建筑面积约2000m²，设有织布车间、整理车间、倒纱车间、维修库房、存纱库、办公室、宿舍等附属用房。公司共有剑杆织布机108台，其中36台由无锡某纺织机械有限公司生产、40台由郑州某纺织机械制造有限公司生产、32台由中国某纺织机械有限公司生产，均为二手设备。公司主要从事棉纺织布料加工，根据订单生产后送至青岛凤凰印染有限公司。工作车间实行24小时三班倒工作制，早班7：00~15：00，中班15：00~23：00，夜班23：00~7：00。该公司共有员工21人，设有挡车工、保全工、维修工、清洁工、码布工、修布工等工种，公司实际管理工作由郑某剑负责。

（二）事故厂房情况

某纺织公司厂房共设有3个织布车间（详见图7-1），自北至南分别编号为1、2、3号车间，三个车间相邻搭建。1号车间为单层钢混结构，屋顶采用斜坡式钢架结构，南高北低，屋面板采用金属彩钢板，保温层为岩棉，围墙

---

❶ 来源：青岛市应急管理局官方网站。

为砖混结构。车间东西长 40.0m、南北宽 11.5m、均高 5m。2 号车间位于 1 号车间南侧，车间之间以门窗相通。2、3 号车间均为单层矩形砖混结构，人字形屋顶，屋顶为砖瓦木檩条结构，吊顶为尼龙塑料聚合材质。2、3 号车间均东西长 40.0m、宽 10.0m、高 4.5m，两车间内部相通，中间以东西向立柱相分隔。

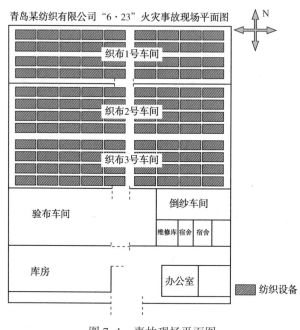

图 7-1 事故现场平面图

1、2、3 号车间均自北向南布置四排剑杆织布机，每个车间 36 台剑杆织布机，东西均匀分布，每排 9 台，东侧 4 台，西侧 5 台，中间为过道。车间均安装设置通风空调系统、喷雾加湿设备、照明灯具、监控设备等。每个车间通风空调系统分别位于东西墙居中设置，利用水循环系统给室内通风降温。车间设有生产用电线路(380V、三项四线制)、照明线路及监控线路等。车间织布设备均为剑杆织布机，织布机主要由机架部件、传动部件、引纬部件、打纬部件、送经部件、卷取部件等组成。

验布车间、倒纱车间位于 3 号车间南侧，验布车间位于西侧，倒纱车间位于东侧，均为砖混结构。验布车间内有裁剪等设备，倒纱车间内有倒纱设备生产线一条。

（三）生产工艺和棉尘清理流程

某纺织公司主要从事棉纺织布料加工，具体生产流程：根据订单织布规格购置成品织轴和纬纱，人工更换织轴后，运行织布机生产，待达到织造规格长度后卸载，经整理车间人工修验整理后打包入库。织布车间温度要求为29~31℃，相对湿度要求为70%~75%。

织布车间生产过程易产生粉尘、棉絮、花毛等，该公司未设置除尘设备。该织布车间内粉尘、棉絮、花毛的清理流程为：挡车工上班前采用高压气枪对织机机梁周边棉尘进行清理，清理工每日下午采用高压气枪对织机顶部、底部、左右两侧等其他部位进行清理，之后将吹落至地面处的棉尘集中进行清扫。

（四）火灾现场基本情况

经现场勘验，1、2、3号车间均过火，织布车间内烧损织机的中轴、曲轴、信号盘、轴承等部位均存在积聚棉尘及油污燃烧物残迹。2号车间烧毁烧损程度明显重于两侧的1号和3号车间，2号车间624、626、628号织机均过火烧损严重。626号织机机身整体烧损较重，织机上织轴处的棉纱、卷布辊上的布卷等可燃物全部燃尽，呈炭灰状；机身金属表面全部锈蚀氧化变色，626号织机龙头、东西两侧墙板、电机、防护罩、曲轴等构件组件表面附着大量棉尘、油污等燃烧炭化残留物。

经调查，626号织机生产厂家为郑州某纺织机械股份有限公司，机型为G1611，公称筘幅180cm，曲轴转速约180r/min，中轴约360r/min，曲轴、中轴传动部位均高速运转，传动组件中轴套管与中轴步司在未有效润滑情况下，存在摩擦产生火花或高温情况。

经视频解译、调查询问、现场勘验、技术鉴定等，排除雷击、外来火源、照明灯具和电气设备线路故障及静电引发事故的可能，认定起火部位位于某纺织公司2号织布车间西侧自北至南第二排自西向东第三台剑杆织布机处（编号：626号）；起火点位于2号织布车间西侧自北至南第二排自西向东第三台剑杆织布机（编号：626号）西侧中轴传动部位；起火物为积聚棉尘；起火源为在生产期间剑杆织布机中轴传动组件运转中摩擦产生的火花或高温。

二、事故发生经过和事故救援情况

（一）事故发生经过

2019年6月23日7时30分，某纺织公司员工接班后当班人员共11人，分别是车间挡车工刘某云、安某霞、安某香、宋某芳，修布工姜某秀、王某梅、窦某娥，维修保养工郑某新、刘某，清理、加油工郝某香，码布工刘某

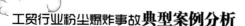

欣。12 时 21 分许，挡车工安某香在 2 号车间对其负责区域的织布机进行巡查时，发现 2 号车间从北至南第二排自西向东第二台、第三台织机（624 和 626 号织机）燃起明火，同时发现起火的还有 3 号车间挡车工宋某芳、维修保养工郑某新等。发现起火后，郑某剑、刘某、郑某新、刘某欣立即利用灭火器进行初期扑救，发现未起到作用之后，郑某剑组织人员进行撤离。郑某新、刘某云、刘某欣未能及时撤离。

（二）应急救援处置情况

12 时 24 分，市消防大队指挥中心接到报警：某纺织公司发生火灾。接到报警后，市消防大队立即调集里岔消防站出动 2 部消防车 10 名消防队员赶赴现场处置，同时调集铺集中队、杜村中队、福州南路中队共计 3 个中队 5 部消防车 25 名消防队员到场增援。13 时 50 分，火势基本控制，搜救小组救出 3 名被困人员，120 医护人员现场确定 3 名被困人员已死亡。后经市公安局法医检验，3 名死者符合生前烧死。14 时 30 分，现场处置完毕。

事故发生后，市政府值班室于 13 时 30 分接到市公安局 110 指挥中心事故情况报告，接报后立即启动应急预案，副市长李某明到达现场进行现场处置，并组织宣传、应急、公安、卫健、消防、里岔镇政府等单位负责同志研究后续处置工作。市里岔镇成立了由党委书记、镇长任总召集人的善后处理工作领导小组，下设救治医疗组、善后安抚组等 6 个工作小组，于 7 月 11 日与家属达成协议，至 7 月 13 日，死亡人员均已火化，善后处理结束。

三、事故原因

（一）直接原因

经综合分析认定，直接原因为某纺织公司在生产期间，2 号织布车间第 626 号剑杆织布机中轴传动组件运转中摩擦产生的火花或高温引燃积聚棉尘，引发火灾。

（二）间接原因

1. 某纺织公司安全生产主体责任不落实，消防及安全生产管理混乱，未落实国家消防和安全生产法律、法规规定，生产场所不符合各项安全技术标准，擅自投入使用，违法经营生产，存在大量安全隐患。

（1）织布车间出口设置不符合安全疏散要求。根据《建筑设计防火规范》（GBJ 16—87，2001 年修订）第 3.5.1 条"厂房安全出口的数目，不应少于两个"。该单位 1、2、3 号织布车间，只有一个出入口，不具备安全疏散条件，是造成人员伤亡的重要原因。

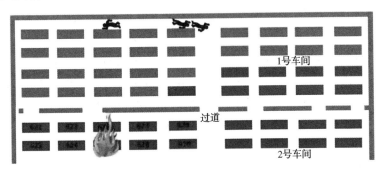

图 7-2 死亡人员位置示意图

（2）织布车间建筑耐火等级不符合要求。根据 GB 50481《棉纺织工厂设计规范》第 9.4.1 条 "生产厂房、原料库和成品库的建筑耐火等级不应低于二级"。该单位车间 2、3 号车间采用砖木结构，未达到《建筑设计防火规范》（GBJ 16—87，2001 年修订）第 2.0.1 条规定的二级耐火等级标准，且车间之间未采取有效防火分隔。

（3）织布车间设备布局不符合要求。根据 GB 50481《棉纺织工厂设计规范》附录 E 主要设备排列间距要求：无梭织机两机间距机后弄 1.30~2.00m，机器与墙边间距 1.80~3.50m。该单位 2 号车间织布机器间距机后弄仅为 0.75m、机器与墙边间距仅为 0.85m，设备机器布局排列密集不符合规范设计要求，导致火灾荷载过大。

（4）机器设备检修不符合安全要求。根据 GB 32276《纺织工业粉尘防爆安全规程》标准要求，织布车间属于纺织纤维粉尘爆炸危险场所 22 区。某纺织公司未按照 GB 32276《纺织工业粉尘防爆安全规程》第 8.2.6 条 "每月不应少于一次检修（停产检修），在检修的同时，应做好车间、设备的彻底清扫工作。" 的要求，实际机器设备 24h 不停机运行，直到出现故障问题才予以检修。公司在用织机设备全部为二手设备，未按照规定制定织机维修检修保养计划，无检修保养记录，未对机器设备润滑系统进行全面检查，盲目组织生产，缺乏预防措施。

（5）车间吸尘、除尘不符合安全要求。未按照 GB 32276《纺织工业粉尘防爆安全规程》第 6.2.5.2 条 "应采用吸尘器等负压式清扫积尘。清扫积尘时，应避免产生二次扬尘" 的要求采用高压吹气式和擦拭式清除棉尘，造成棉尘清理不彻底且易产生二次扬尘，导致机器设备积聚大量棉尘等可燃物。

（6）未建立全员安全生产责任制和消防安全责任制。某纺织公司未按照规定制定安全生产规章制度、消防安全制度、灭火和应急疏散预案、防火检查、巡查制度、安全操作规程、设备设施维修保养制度、隐患排查整改制度等。

（7）日常安全管理混乱。某纺织公司未按规定对从业人员开展三级安全培训教育。未制定隐患排查治理制度并组织落实，对生产经营过程及安全管理中存在的事故隐患未组织有计划、有目的、有重点的安全检查。未对机器设备进行定期检验、检修、检测，未建立机器设备维修、保养档案记录，未及时排查事故隐患。

2. 市公安局张应派出所履行消防监督检查职责不力，未及时督促某纺织公司整改存在的火灾隐患。

（1）针对某纺织公司违法行为做出的行政处罚适用法条不当。张应派出所2017年至2019年对某纺织公司的检查中，所发现的火灾隐患均为"该单位消防疏散通道堵塞，安全出口堵塞，疏散指示标志缺少，应急照明缺少，未设置室内消火栓，灭火器缺少"等，张应派出所对某纺织公司只是做出警告的当场处罚决定，载明的违法事实也与《责令改正通知书》《公安派出所日常消防监督检查记录》不一致，且《公安派出所日常消防监督检查记录》填写不规范，监督检查人员未签名，未按《消防法》规定明确责令改正时间，未确定复查日期，后续也未到企业进行复查，采取进一步处罚措施，也未向市消防救援大队和里岔镇人民政府报告，导致火灾隐患得不到有效整改。

（2）未督促村民委员会落实法定消防安全职责。河流董村未确定消防安全管理人，未制定防火安全公约，未建立志愿消防队，也未组织开展消防宣传教育和防火安全检查，张应派出所有关人员未按照《山东省公安派出所消防监督检查规定》第十一条规定采取有效措施督促河流董村村民委员会整改以上行为。

3. 里岔镇人民政府及相关村民委员会落实消防安全工作和安全生产管理工作职责存在不足，落实消防安全网格化管理制度不到位，组织开展消防安全检查和宣传教育工作不力，隐患排查治理工作不到位。

（1）里岔镇消防办履行工作职责不力，未按规定协调开展火灾防控检查，纠治堵塞通道出口、违章用火用电等安全隐患，只是汇总了两个派出所的检查记录后报市消防大队，未采取具体的落实措施。

（2）里岔镇安监办履行安全监管工作职责不力，未按规定组织对某纺织公司进行安全检查，从而未能发现该公司违反安全生产法律法规的违法行为。

（3）安家沟社区履行安全生产责任不力，未建立健全本管区各村安全生产责任制，未排查出某纺织公司长期存在的火灾隐患。

（4）河流董村村委未按照《山东省消防条例》第十二条规定确定消防安全管理人，未制定防火安全公约，未建立志愿消防队，也未组织开展消防宣传教育和防火检查。

（5）河流董村网格员董某强未经相应的培训，不具备安全生产、消防等基本安全知识，在对某纺织公司的巡查过程中，因不知道此类生产场所需要设置两个以上安全出口、疏散通道不得堵塞等规定，未发现并报告某纺织公司存在的火灾隐患。

4. 市公安局对公安派出所及其民警实施消防监督检查工作情况监管不力，在年度和平时对派出所消防监督检查情况的考核和检查过程中，未发现张应派出所对某纺织公司消防监督检查中存在的问题，未及时督促张应派出所整改消防监督检查中存在的违规行为。自 2016 年 11 月以来，市公安局未对派出所消防监督执法工作情况进行考核。

5. 市消防救援大队对公安派出所消防监督业务考核指导不深入，在对公安派出所消防监督检查工作进行年度绩效考核和日常消防监督业务指导过程中，未发现张应派出所对某纺织公司进行消防监督检查过程中存在的问题。

四、责任认定及责任者处理的建议

（一）建议追究刑事责任人员

郑某剑，某纺织公司法定代表人及实际管理人，未落实国家消防和安全生产法律法规规章、标准规范的规定，未办理相关行政许可手续，消防及安全生产管理混乱，生产场所不符合安全技术标准，擅自投入使用，违法经营生产，存在大量安全隐患，对事故发生负有直接责任，建议移交司法机关，以消防责任事故罪追究其刑事责任。

（二）对有关人员的责任认定及处理建议

1. 宋某武，张应派出所第三警区民警，负责辖区九小场所摸排信息和消防监督检查，2017 年至 2019 年三次对某纺织公司进行消防监督检查，未严格履行消防监督检查工作职责，未采取有效措施督促某纺织公司及时整改火灾隐患，依据《中华人民共和国监察法》《监察机关监督执法工作规定》《公职人员政务处分暂行规定》和《行政机关公务员处分条例》，建议给予宋某武政务记过处分。

2. 乔某伦，张应派出所所长，全面负责派出所消防监督检查、消防宣传教育培训等工作，履行职责不力，未督促民警严格履行消防监督检查工作职责，依据《中华人民共和国监察法》《监察机关监督执法工作规定》《公职人员政务处分暂行规定》和《行政机关公务员处分条例》，建议给予乔某伦政务警告处分。

3. 韩某福，里岔镇政府督查室主任、镇政府消防办主任，履行工作职责不力，消防办牵头开展全镇消防专项整治、联合执法和宣传工作欠缺，依据《中华人民共和国监察法》《监察机关监督执法工作规定》《公职人员政务处分暂行规定》和《事业单位工作人员处分暂行规定》，建议给予韩某福政务警告处分。

4. 张某，里岔镇政府经济发展服务中心主任、安监办主任，履行工作职责不力，在对辖区内企业安全生产责任制落实情况实施监督检查、督促企业及时消除安全事故隐患工作上有漏洞，依据《中华人民共和国监察法》《监察机关监督执法工作规定》《公职人员政务处分暂行规定》和《事业单位工作人员处分暂行规定》，建议给予张某政务警告处分。

5. 史某高，里岔镇党委副书记，2017 年底至 2019 年 3 月分管消防安全工作，督促里岔镇政府安监办、消防办等有关部门、派出所及河流董村村委落实消防安全工作职责存在不足。依据《中国共产党问责条例》，建议对史某高予以诫勉，并责令其做出深刻检查。

6. 崔某存，里岔镇党委委员、里岔镇政府副镇长，分管安全生产工作，2019 年 3 月 28 日起分管消防工作，分管安监办、消防办，督促里岔镇政府有关部门、派出所及相关村民委员会落实消防和安全生产工作职责存在不足，依据《中国共产党问责条例》，建议对崔某存予以诫勉，并责令其做出深刻检查。

7. 司某玉，里岔镇政府镇长，主持里岔镇政府全面工作，督促镇政府落实消防和安全生产工作职责存在不足，依据《中国共产党问责条例》，建议对司某玉进行批评教育，并责令其做出深刻检查。

8. 宋某烈，市公安局副局长，市消防安全委员会办公室主任，分管消防工作。督促公安派出所履行消防监督检查职责不力，依据《中国共产党问责条例》，建议对宋某烈予以诫勉，并责令其做出深刻检查。

（三）对有关单位的处理建议

1. 里岔镇政府落实消防安全工作和安全生产管理工作职存在不足，落实消防安全网格化管理制度不到位，组织开展消防安全检查、开展消防宣传教育工作不力，隐患排查治理工作不到位，建议责成里岔镇政府向市政府做出深刻检查。

2. 市公安局对公安派出所及其民警实施消防监督检查工作情况监督检查不力，未有效规范公安派出所消防监督检查行为，建议责成市公安局向市政府做出深刻检查。

3. 市消防救援大队对公安派出所消防监督检查业务指导不深入，建议责成市消防救援大队向青岛市消防救援支队做出深刻检查。

4. 市政府督促镇(街)及有关部门落实消防法律法规存在不足，建议责成市政府向青岛市政府做出深刻检查。

以上处理建议落实后，报青岛市纪委监委及青岛市应急管理局备案。

（四）行政处罚建议

1. 某纺织公司，消防及安全生产管理混乱，未落实国家消防和安全生产法律法规规章、标准规范的规定，对事故的发生负有直接责任，建议市应急管理部门按照《安全生产法》第一百零九条的规定，对某纺织公司处以罚款人民币 50 万至 100 万元的行政处罚。

2. 郑某剑，某纺织公司法定代表人及实际管理人，未落实《安全生产法》所规定的安全管理职责，对事故发生负有直接责任，建议由市市场监管部门按照《安全生产法》第九十一条第三款的规定，跟踪落实行政处罚，其在五年内不得担任任何生产经营单位的主要负责人；市应急管理部门按照《安全生产法》第九十二条的规定，对其处以上一年年收入 40% 的行政处罚。

待司法机关做出处理决定后，根据安全生产法律法规对其做出相应的行政处罚。

（五）其他处理建议

对事故涉及的河流董村网格员、河流董村村委及安家沟社区有关责任人员，建议里岔镇政府进行处理。建议青岛市应急管理局按照规定将某纺织公司纳入安全生产领域失信联合惩戒对象名单管理。

五、防范建议

1. 切实厘清消防安全监管职责，严格履行职责并督促有关部门和单位落实主体责任，特别是公安和消防救援部门更是要对照职责清单严格履职，避免出现监管盲区及薄弱环节。

2. 各类生产经营单位，特别是小作坊、小加工单位等小微企业，要坚决贯彻执行相关安全生产法律法规，依法依规组织生产经营建设活动。要真正落实企业安全生产法定代表人负责制和安全生产主体责任，建立完善安全管理体系，完善各项规章制度，并落实到日常工作中。要坚决克服重效益、轻安全的思想，严格落实安全生产设施"三同时"规定，强化风险分级管控和隐患排查治理工作，保证安全投入，加强安全教育培训和应急管理，加强应急预案编制和应急演练，提高员工应急逃生和应对处置事故灾难的能力。所有劳动密集型企业必须定期进行有针对性的应急逃生演练。

3. 加强纺织生产领域的安全监督管理，建立相关部门间的协调机制，完善行业安全管理制度，统一相关标准规范，加强日常监督检查，加强事故的防控工作。要认真摸底排查此类生产加工企业数量和生产条件，采取有力措施，坚决杜绝企业擅自降低安全生产标准，督促企业严格执行纺织生产安全操作规程，做好各项安全防范措施。

4. 要进一步明确紧急突发事件(事故)上报程序，按规定及时、准确向市政府及有关行业主管部门报告紧急突发事件(事故)情况，杜绝事件(事故)信息倒流现象。

5. 对"九小场所"进行摸底排查，特别是人员密集、易造成群死群伤的场所，建立详细、准确的台账，切实排查出存在的火灾隐患，并采取有力措施坚决督促整改，杜绝"小场所、大隐患，小事故、大伤亡"，有效避免火灾事故发生。

案例 24 黑龙江省哈尔滨市亚麻厂"3·15"特大爆炸事故[1]

1987 年 3 月 15 日，黑龙江省哈尔滨市亚麻厂正在生产的梳麻、前纺、准备 3 个车间的联合厂房，突然发生亚麻粉尘爆炸起火造成 58 人死亡，177 人受伤，其中 65 人重伤，直接经济损失 881.9 万元。

一、事故单位概况

哈尔滨亚麻厂是苏联援建的我国最大的亚麻纺织厂，1952 年投产，当时有职工 6250 人，生产规模 21600 锭，固定资产原值 8800 万元，年产值近 1 亿元，利税 4000 万元，创汇 2000 万美元。

---

[1] 来源：《烈火丹心：我亲历的哈尔滨亚麻纺织厂粉尘爆炸事故》(沈克俭，2015)。

二、事故发生经过和事故救援情况

3月15日凌晨2时39分，该厂正在生产的梳麻、前纺、准备3个车间的联合厂房，突然发生亚麻粉尘爆炸起火。一瞬间，停电停水。当班的477名职工大部分被围困在火海之中。在公安消防干警、解放军指战员、市救护站和工厂职工的及时抢救下，才使多数职工脱离了险区。4时左右，火势被控制住，6时明火被扑灭。事故造成1.3万 m² 的厂房遭受不同程度的破坏，2个换气室、1个除尘室全部被炸毁，整个除尘系统遭受严重破坏；厂房有的墙倒屋塌，地沟盖板和原麻地下库被炸开，车间内的189台(套)机器和电气等设备被掀翻、砸坏和烧毁。造成梳麻车间、前纺车间、细纱湿纺车间全部停产，准备车间部分停产。由于厂房连体面积过大，给职工疏散带来困难。

三、事故原因

事故发生后，黑龙江省和哈尔滨市组织有关部门和有关专家，成立了事故调查组，进行了3个月的调查工作。由于各方对直接引爆原因有不同意见，在1987年7月7日举行的全国安全生产委员会第九次全体会议上决定，由劳动人事部牵头组织专家对直接引起爆炸的原因进行调查研究和进一步的科学论证。

根据"要查清事故的真正原因，做出科学结论"的指导精神，经过校定事实，认真地探讨了这次亚麻粉尘爆炸的种种可能模式，特别深入地讨论了由中央除尘换气室南部除尘器首先爆炸并由西向东传播及由摇纱换气室内手提行灯引燃麻尘引爆除尘器由东向西传播的两种不同看法。由于爆炸后事故现场破坏严重，数据不足，难以确定这次亚麻粉尘爆炸事故的真正引爆原因。根据爆炸事故现场事实，中央换气室南部除尘器的破坏最为严重。地震台记录此次爆炸所产生的地震效应，地沟中管道由西向东位移等事实，都说明本次亚麻粉尘爆炸事故首先发生在中央换气室南部的两个除尘器内。

(一) 过程分析

此次亚麻粉尘爆炸事故是由中央换气室南部的两台除尘器首先爆炸，然后引起整个系统爆炸。

1. 黑龙江省地震办所属哈尔滨地震台提供的这次爆炸的地震效应记录，表明首爆的震级最大，能量也最大。爆炸事故现场有两个能量较大的炸点：一个是中央换气室南部，一个是地下麻库南区。

2. 爆炸的地震效应说明中央换气室南部首爆。中央换气室南部两个除尘器的破坏，在所有除尘器中最为严重。支撑除尘器的钢筋混凝土梁爆裂，这是其他除尘器现场所没有的。地下麻库梁板也受到严重破坏，但由于有三条平行于麻库的地沟，起到明显的隔震沟作用，传入地下的能量产生的振幅在地震仪上记录要小得多。因此地震台记录到的第一峰值是中央换气室南部除尘器的爆炸。

3. 西部中央换气室爆炸在东部换气室之前。根据供电情况，事故区是由二变和三变提供电源的。所有证词都证实是爆炸之后停电的，说明爆炸发生之时，为事故区供电的两个变电所还正常供电。经现场检查，证明了东部换气室爆炸是在整个爆炸系统中最后发生的。

4. 现场勘察所见，多处管道有明显的向东位移的痕迹，尤其是与中央换气室南部的两个除尘器相连的地沟内的管道由西向东的位移最严重，管道冲到墙头，端头露出地沟，这一现象说明了整个爆炸是由西向东传播的。以上说明这次亚麻粉尘爆炸事故是由中央换气室南部除尘器首爆引起的。

（二）原因分析

静电引起布袋除尘器内亚麻粉尘爆炸的可能性是存在的。布袋除尘器在强烈起电的条件下，自动起火和爆炸的事故曾发生多起，涉及的粉体材料包括硫黄、橡胶添加剂和有机玻璃助剂等。这种静电条件下的自燃自爆现象，在石油和化工生产的其他设施里，也都多次出现。在干燥的季节里，亚麻粉尘布袋除尘器也难免出现上述情况。因为亚麻粉尘通过金属管道，一定会起电。带电的亚麻粉尘积聚在干燥的布袋上，产生很高的电位。对比已有事故案例，亚麻粉尘布袋除尘器发生静电引燃或引爆的可能性是存在的。苏联代表在亚麻厂事故后，工作交谈中认为该起事故是静电爆炸，指出在除尘系统中的管道内，由于年久在管道壁可能产生细小粉尘结成的尘垢。麻尘在风道内运动，麻尘之间的摩擦和麻尘与有尘垢的管壁之间的摩擦可以产生静电。苏联的亚麻厂也有静电爆炸的实例。然而，对于静电引爆亚麻粉尘的危险，需要通过深入的实验研究，特别是在冬春干燥季节，对亚麻粉尘布袋除尘器的静电现象进行研究和鉴定。

（三）结论意见

1. 调查组根据掌握的事实，虽然做了多种方式的分析，但由于对亚麻粉尘爆炸机理缺乏研究，并且由于爆炸后事故现场破坏严重，数据不足，难以确定此次亚麻粉尘爆炸事故的引爆原因。

2. 哈尔滨亚麻厂此次特大亚麻粉尘爆炸事故是从除尘器内粉尘爆炸开始的。通过地沟、吸尘管和送风管道的传播导致其他除尘器的连续爆炸、燃烧和厂房内空间爆炸。

3. 多数专家认为这次事故是由中央换气室南部除尘器首爆的。在布袋除尘器内静电引爆是有可能的。但由于没取得确凿证据，故不能对此做出肯定结论。

4. 少数专家认为这次事故是由摇纱换气室内手提行灯引燃麻尘，导致东部除尘器的首爆。多数专家对此持否定态度。

5. 不少专家认为明火（机械摩擦、金属撞击、电气火花）导致亚麻粉尘爆炸也是有可能的。但是由于本次没有发现足够的证据，对此不能做出肯定结论。

四、责任认定及责任者处理的建议

根据上述分析，虽然事故的直接原因没有肯定，但这并不妨碍对此事故的定性：是一起责任事故。哈尔滨亚麻厂主要领导和有关管理部门负责人对这起事故负有直接责任。

1. 给予该厂厂长刘某撤销厂长职务的处分。

2. 给予主管安全生产和通风除尘工作的副厂长王某撤销副厂长处分。

3. 给予该厂机电科长宋某撤职处分。

4. 给予该厂机电科副科长姜某行政记大过处分。

5. 哈尔滨纺织工业管理局对企业安全生产领导不力，工作抓得不实，没有及时帮助企业解决安全生产中的问题，负有领导责任。给局长沈某行政记过处分。

6. 给哈尔滨纺织工业局主管生产和安全工作的副局长周某行政记大过处分。

7. 哈尔滨市副市长洪某主管工业生产和安全工作，对该起事故负有领导责任，给行政记过处分。

8. 黑龙江省纺织总公司在行业管理上负有重要责任，责成其认真检查并提出处理意见。

五、防范建议

1. 积极制定和严格执行有关防火、防爆的规程、标准、条例。把防止亚麻粉尘爆炸作为企业重要工作来抓。

2. 做好有关人员的培训、考核。落实各级岗位责任制。提高全体职工的安全素质。

3. 开展对亚麻粉尘爆炸和静电引爆特性的研究工作，为亚麻纺织工业的防爆措施提供科学依据。

4. 亚麻企业一定要优先落实防爆技术措施计划。

第八章　橡胶和塑料制品加工

案例 25　北京市房山区某塑料公司"3·4"爆燃事故[1]

2019 年 3 月 4 日，北京市房山区北京燕山某塑料有限公司（以下简称某塑料公司）发生一起爆燃事故，造成 1 人死亡、1 人受伤。

一、事故单位概况

（一）事故涉及单位情况

1. 某塑料公司经营范围：生产塑料填充母粒；销售：化工产品、建筑材料、五金交电、化妆品、日用品。

2. 北京某伟业科技有限公司经营范围：加工塑料制品、组装电子仪器；普通货物运输；技术开发；销售化工原料（不含化学危险品）、机械设备、仪器仪表、苗木、花卉、儿童玩具（仿真枪械除外）；租赁汽车；劳务派遣；种植苗木、花卉；家居装饰；租赁机械设备。

（二）租赁情况

2010 年 12 月 31 日，北京某伟业科技有限公司与某塑料公司就构件厂院落南部地块签订租赁协议，租期为 15 年。协议中双方约定了安全责任。事发建筑物为北京某伟业科技有限公司原有门房，某塑料公司租用后改造成冷库、粉碎机房及粉房。

（三）生产工艺流程

某塑料公司所生产产品为色塑料填充母粒，聚乙烯蜡粉为塑料填充母粒的添加剂，聚乙烯蜡粉是由聚乙烯蜡粉碎而成，粉碎方式为低温粉碎。首先将聚乙烯蜡放至 -30℃ 冷库存放 1~2 天，再经由人工放至粉碎机内，并利用粉碎机叶片转动将蜡粉通过输料管吹至沉降室经自然沉降后获得蜡粉。

---

[1] 来源：北京市应急管理局官方网站。

发生事故的建筑物位于厂区东南角，为砖混结构平房，面积为 $35m^2$，分为里外两间，外间内置冷库，冷库内存储的是原料聚乙烯蜡（呈 8mm 直径大小的圆片状），数量约 1.5t；冷库门前为通向里间的走廊，里间布置了粉碎机及粉房，粉房为沉降室结构，四周密闭，北侧有窗（推拉式铝合金窗），南侧有门（外开式铝合金门），此门平时常闭，粉房粉尘堆积过高时需打开此门对堆料进行平整或将产品装袋。

（四）爆燃事故发生后现场情况

爆燃导致建筑内粉房、操作间所有门窗毁坏，内墙坍塌，顶板塌落。外间冷库间的南侧廊道窗户连边框彻底摧毁，北墙和西墙上的窗户玻璃破碎，爆炸冲击波和火焰还造成外间冷库顶部和建筑物屋顶之间出现过火痕迹。

二、事故发生经过和事故救援情况

（一）事故经过

2019 年 3 月 2 日，某塑料公司经理朱某文安排尤某和许某柱进行聚乙烯蜡粉碎作业，其中尤某负责操作粉碎机、许某柱负责将冷库内的聚乙烯蜡搬运至粉碎机旁。

2019 年 3 月 4 日 8 时许，尤某、许某柱二人按照经理朱某文要求继续作业。11 时许，许某柱正从外间冷库经走廊向粉碎机操作间搬运原料，走至操作间门口时，突然发生爆燃。爆燃产生的冲击波将许某柱推至院内，造成其受伤；正在粉碎作业的尤某被塌落的顶板埋压在粉碎机旁。

（二）事故救援处置情况

事故发生后，区领导及区应急管理局、区委政法委、区公安分局、区市场监管局、区消防支队及城关街道等部门立即赶赴现场进行处置。

2019 年 3 月 4 日 11 时 9 分，消防总队 119 指挥中心部署警力，11 时 22 分，城关中队、窦店中队及支队全勤指挥部相继到达现场，组织救援。一名受伤人员被 120 送往医院治疗，经了解，仍有一名被困人员被埋压，立即成立两个搜救组，一组利用雷达生命探测仪试图对被埋压人员进行精确定位，一组运用破拆工具清理地面掉落的水泥板，最后确定了被困人员的具体位置，但被困人员身体仍被倒塌的楼板埋压，考虑现场环境狭小，不利于运用大型机械施救，救援人员运用绳索在保证被困人员不被二次伤害的前提下，采用人力牵引方式进行救援，12 时 33 分，被埋人员被救出，经 120 现场确认，被困人员已无生命体征。

三、事故原因

（一）直接原因

1. 初始爆炸点的确认

根据现场勘察，粉房位置破坏最为严重，初始爆炸点发生在利用沉降室收集成品的粉房内。事故现场清理完坍塌的垃圾后，可以清楚地发现粉房所处区域内依然堆积大量粉碎好的成品聚乙烯蜡粉尘。粉房的南墙、西墙已不复存在，屋顶全部坍塌，北墙和东墙的铰接处出现明显的因爆炸导致的裂隙。除粉房外，其他位置不存在发生初始粉尘爆炸的条件。

聚乙烯蜡的熔点为100℃左右，闪点约为270℃，容易受热融化并气化产生可燃蒸气(聚乙烯蜡在高温条件下发生裂解，产生聚乙烯蜡可燃蒸气)。

现场打开粉碎机，未发现粉碎机内部存在铁钉、铁丝、刀片等金属异物，粉碎机叶轮无明显变形故障，粉碎机表面无明显剐蹭痕迹，可以排除金属异物进入粉碎机摩擦撞击形成点燃源的可能性。经拆开粉碎机外壳和叶轮，发现粉碎机底部排料口上覆盖的6块筛网大部分面积已被碳化结块物料堵塞，说明事故前粉碎机不能正常排料，导致大量物料在叶片的强烈挤压、摩擦作用下升温、熔化并气化，产生了一定的可燃蒸气，被挤压、摩擦的物料升温到一定程度发生闷燃，同时引燃粉碎机腔体内聚集的少量可燃蒸气，燃烧产物(火焰或火星)通过排料管进入粉房，引爆了粉房内达到爆炸浓度的粉尘云。

2. 可燃蒸气参与燃烧的可能性分析

聚乙烯蜡的熔点和闪点均比较低。粉碎机叶片不断摩擦难以及时排出的聚乙烯蜡粉末，很容易将温度升至闪点以上，此时由于粉碎机内部空间极为有限，聚乙烯蜡熔化、气化所释放的可燃蒸气容易达到爆炸下限浓度。粉碎机入料口管道内壁上留下的过火痕迹也进一步表明，粉碎机内部应该发生过可燃气体的着火。

根据现场勘验、询问相关人员、相关书证，专家组确认事故直接原因为：片状的聚乙烯蜡在高速旋转的粉碎机叶片作用下被粉碎，同时被正压气流沿着粉碎机底部的送粉管吹送至粉房内，粉房较密闭，粉尘在该房间内形成了高浓度的粉尘云环境；事故发生前，粉碎机内部筛网严重堵塞，导致下料不畅，物料在粉碎机内过度摩擦、受热熔化并气化产生可燃蒸气，被挤压、摩擦的物料升温到一定程度发生闷燃，引燃了粉碎机内部的可燃蒸气，火焰(或火星)经由送粉管传播至粉房内引燃粉尘云，进而发生粉尘爆炸。

（二）间接原因

1. 某塑料公司采用沉降室收尘的生产工艺设置不规范，违反了 AQ 4273《粉尘爆炸危险场所用除尘系统安全技术规范》第 4.1.d 条的规定。

2. 某塑料公司安全生产责任制不健全，未对职工进行岗位专业技术培训和安全教育，致使工人安全意识淡薄；未向工人明确告知作业场所和工作岗位存在的危险因素、防范措施以及事故应急措施；未及时发现并消除事故隐患。

四、责任认定及责任者处理的建议

（一）建议追究刑事责任的人员

某塑料有限公司主要负责人刘某艳未切实履行法定安全管理职责，督促、检查本单位的安全生产工作，未及时消除生产安全事故隐患，对事故发生负有直接责任。某塑料有限公司经理朱某文作为本单位生产、安全直接管理人员，未及时发现并排查安全事故隐患，对事故负有直接责任。

建议公安机关对刘某艳、经理朱某文立案侦查，追究其刑事责任。

（二）建议给予行政处罚的单位

某塑料有限公司生产工艺设置不规范，未健全安全生产责任制，安全管理不到位，未向工人明确告知作业场所和工作岗位存在的危险因素、防范措施以及事故应急措施，安全培训不到位，未及时发现并消除事故隐患。其行为违反了《安全生产法》第四条、第二十五条第一款、第四十一条，AQ 4273《粉尘爆炸危险场所用除尘系统安全技术规范》第 4.1.d 条的规定，对事故发生负有责任。依据《安全生产法》第一百零九条第(一)项的规定，建议给予该单位罚款 34 万元人民币的行政处罚。

（三）建议追究其他责任

建议区纪委区监委对负有属地责任的田各庄村调查问责。

五、防范建议

1. 企业要健全安全生产责任制度，加强严格规范企业内部经营管理活动，落实安全管理责任。要加强技术管理、安全管理，加强对生产过程的指导、管理，督促所属人员严格落实安全生产责任制，加强安全教育培训，及时开展隐患排查治理工作，杜绝违章作业的现象发生，消除事故隐患。

2. 涉爆粉尘企业要深刻吸取事故教训，严格规范企业内部经营管理活动，建立、健全并严格落实本单位安全生产责任制。要严格执行安全操作规程，遵守粉尘清扫除尘制度，加强粉尘涉爆安全培训，提高粉尘安全风险辨识能力，确保企业不发生生产安全事故。

3. 监督管理部门要严格落实安全生产监管职责，督促各责任主体落实安全责任，深入开展行业大检查活动。各属地政府要加强对辖区内生产企业安全管理，合理安排监督力量，制定可行的监督检查计划，严格管理，防止类似事故发生。全区范围内危险化学品企业要加强对生产原料来源和生产产品的双向控制，实现来源可循、去向可溯。

第九章 冶金/有色/建材行业煤粉制备

案例 26 安徽省安庆市怀宁县某水泥公司"4·5"爆炸事故❶

2018 年 4 月 5 日，安徽省安庆市怀宁某水泥有限公司(以下简称某水泥公司)2 号线分解炉内发生一起职工安全意识淡薄、安全管理制度落实不到位、技术人员违规校验煤粉秤致煤粉通过尾煤秤和送煤风机进入分解炉内，引发煤粉爆炸事故，造成 1 人死亡、1 人重伤、3 人轻伤，直接经济损失 160 万元。

一、事故单位概况

(一) 事故发生单位

某水泥有公司，生产地：怀宁县月山镇奇隆村；法定代表人俞某明，注册资本：人民币 2 亿元；成立日期：2008 年 9 月 2 日；经营范围：水泥熟料、水泥、水泥制品等，有两条日产 4500t 水泥熟料生产线，第一条生产线于 2010 年 9 月投产，第二条生产线于 2012 年 5 月投产；2013 年 12 月创建二级安全标准化，2014 年 10 月通过二级安全标准化复审；该公司《工商营业执照》《采矿许可证》和《安全生产许可证》均合法有效，现有职工 473 人。

(二) 工作时间及人员配置

因 2 号线箆冷机 7、8、9 三个室漏料严重，该公司于 4 月 1 日制定了临时停窑检修方案，计划停窑 12h，并做好了准备工作。4 月 4 日发现箆板漏料更加严重，生产部即于下午下班前与烧成车间、设备保全部商定，于 4 月 5 日停窑检修更换边护板。

4 月 5 日 5 时 30 分停窑，箆冷机维修现场共 10 人，烧成车间副主任许某贤、安环部安全员杨某强及维修工 8 人，计划维修 8h；上午 9 时人员开始进

---

❶ 来源：安庆市人民政府官方网站。

入篦冷机工作。14 时 22 分许，机械技术员通知中控操作员停窑尾送煤罗茨风，并于 14 时 30 分，开了 20s 转子秤(送煤风机未开)。14 时 31 分，DCS 工程师开始校秤并通知操作员开送煤风机。

(三) 工艺布局

2 号线为 5000t/d 预分解窑，回转窑规格 $\phi 4.8m \times 74m$。系统工艺流程：生料由入窑提升机喂入预热器，通过 1-4 级旋风筒进入分解炉内，经 5 级筒入窑煅烧。烧成的熟料在篦冷机(规格 4.2m×34m)内冷却后，入熟料库存储。

用于物料分解和熟料煅烧的煤粉由窑尾、窑头转子秤按 6.5：3.5 左右的比例称量后分别输送至窑尾和窑头。窑尾配煤系统供料能力 0~35t/h，经转子秤称量后的煤粉由送煤风机(169.5m/min，风压 78.4kPa)输送至分解炉。

煤粉制备系统属于粉尘爆炸危险场所，该系统设置在框架结构的多层建构筑物内，均使用了防爆电气设备设施，符合法律法规及技术规范要求，分解炉爆炸后，该系统完好无损。

二、事故发生经过和事故救援情况

(一) 事故发生经过

3 月 29 日，烧成车间向生产部反映，2 号水泥生产线篦冷机 7、8、9 三个室漏料，生产部同设备保全部、烧成车间商议后确定 4 月初临时停窑一天，更换篦冷机篦板；设备保全部在 4 月 1 日制定了维修方案，明确了维修内容，主要维修项目有篦冷机三段漏料处理、托轮漏油处理、转子称波动处理，预计停窑 12h，凌晨 5 时止料冷窑，下班前检修结束点火；4 月 4 日，篦板漏料加重，设备部、烧成车间决定 4 月 5 日停窑检修。

4 月 5 日 5 时 30 分停窑，9 时维修人员开始进入篦冷机工作(有限空间作业票时间是 9~19 时)，安环部安排 1 名安全管理人员在现场监督；14 时左右，烧成车间主任许某贤在一段，对篦冷机侧壁一小块脱落浇注料处装模；14 时，工艺工程师吴某安排机械技术员朱某宝和 DCS 工程师鲁某杰对窑尾煤粉转子秤进行校验；14 时 20 分，朱某宝到达工作现场，打开秤体塞头，测秤体间隙时发现秤体里面有煤粉，停止送煤风机，开转子称 20s；14 时 30 分，DCS 工程师鲁某杰到现场，发现煤粉仓闸板阀(手动)未关闭，即到二楼关闭闸板；14 时 31 分 11 秒，在知道秤体有煤粉的情况下，开启送煤风机和转子秤；开启送煤风机前通知窑尾检修人员撤离，但没有通知篦冷机内检修人员；14 时 35 分 59 秒，分解炉发生爆炸，爆炸冲击波一个方向沿着分解炉进入

1-4 级旋风筒，造成部分膨胀节损坏、部分预热器浇筑孔吹翻，另一个方向沿着回转窑进入篦冷机，将机内工作人员瞬间击翻，造成 1 人死亡、4 人受伤。

（二）应急救援情况

事故发生后，生产部部长都某（在事故现场）立即清点人数，赶到篦冷机三段门口，看到熟料破碎机口躺着两个人，立即组织人员将受伤人员从篦冷机内抬出来，并拨打 120 急救电话。当时许某贤略有呼吸，陈某礼痛苦呻吟，神志还清醒。半小时后两辆 120 救护车先后到现场，将 2 名重伤人员直接送往市立医院救治，另 8 人送到市一医院龙山分院，其中 5 人经医院简单处理后离院，还有 3 人在 4 月 6 日转市一医院继续治疗，4 月 16 日，有 1 人出院。在 15 时左右，都某向公司主要负责人、安环部负责人等报告事故情况。

（三）善后处理情况

镇党委政府、某水泥公司及有关部门全力做好死伤家属的接待和安抚工作，及时与遇难者家属签订了赔偿协议，落实赔偿事宜。

（四）现场勘察情况

篦冷机长 34m，宽 4.2m，内室高约 1.8m，共分三段，每段设有一个检修门（0.5m×1m，检修时 3 个门都是打开的），头部连通回转窑，尾部连接熟料破碎机。事故发生前（约 14 时），烧成车间副主任许某贤在一段（离回转窑口约 6m）处理篦冷机侧壁浇注料破损问题，陈某礼站在二段，面向侧壁检查浇注料破损情况，其他人员在篦冷机三段工作。14 时 35 分解炉突然发生爆炸，爆炸冲击波沿着回转窑进入篦冷机，将许某贤推到熟料破碎机内，陈某礼被推到熟料破碎机口。

三、事故原因

（一）直接原因

根据调查及现场勘察分析，停窑后，窑尾煤粉转子秤煤粉未走空，秤闸阀、仓闸阀均关闭不严且未安装故障报警装置（物的不安全状态），工艺工程师在未通知篦冷机检修人员撤离就安排技术人员校秤，而机械技术员和 DCS（集散控制系统）工程师在知道秤体有煤粉的情况下，仍进行校秤工作（人的不安全行为），使第一次开转子秤落入 U 形管道中的煤粉和第二次开启转子秤总共约 1.66t 的煤粉先后送入分解炉。爆炸前，中控显示：一级出口氧含量 21%

（有足够的氧气），煤粉细度 $80\mu m$（粒径$<75\mu m$ 更易爆炸），挥发分$\geq29\%$（挥发分$>25\%$的煤粉能轻易点燃，发生爆炸的可能性大），在分解炉锥体部分煤粉浓度在 $1200\sim2000g/m^3$，达到了煤粉爆炸极限浓度（煤粉爆炸下限浓度 $30g/m^3$），爆炸发生时虽然分解炉中部气体温度为 $214℃$，但结合停窑到转子秤校验之间所间隔的时间判断，分解炉内部耐火衬料和窑皮不断因温度应力而开裂、脱落，一方面，脱落后的新生面温度高，另一方面，脱落物料下落碰撞而产生火星。在氧气、温度（点火源）都达到引爆煤粉尘云状态条件下，喂入分解炉的煤粉被引爆，是导致事故发生的直接原因。

（二）间接原因

1. 某水泥公司未严格履行安全生产责任制，规章制度不健全（没有转子秤校秤、有限空间作业等管理规定），安全管理制度落实不到位，安全基础薄弱，职工习惯性违章现场常见。安全生产教育培训形式化，有针对性的专项培训缺失，技术人员对菲斯特转子秤工作原理不清，对煤粉在非正常情况下进入分解炉导致的后果不知。法定节假日领导带班制度未落实，事发当天，公司主要负责人、班子其他人员、安环部负责人、烧成车间主要负责人等均回外地老家过清明。

2. 某水泥公司制定的检维修工作方案、有限空间作业票等形式化、格式化，没有可操作性。检维修工作方案在存在交叉作业的情况下，没有制定出详细的时间安排，随意性大。

四、责任认定及责任者处理的建议

1. 许某贤，烧成车间副主任。4 月 4 日烧成车间早班会上，车间主任陈某荣安排 4 月 5 日停窑检修工作时，要求停窑前煤粉仓清空，转子秤标定。但许某贤在 4 月 5 日主持车间工作时，未落实煤粉仓清空指令，间接导致事故发生，对该起事故的发生负有一定责任。因其已在事故中死亡，建议不予追究。

2. 机械技术员朱某宝在接到工艺工程师吴某工作安排后，到工作现场打开秤体塞头，测秤体间隙时已发现秤体里面有煤粉，但仍然在停送煤风机状态下，开转子秤 20s，致秤体里面部分煤粉落到 U 形管道中。DCS 工程师鲁某杰在明知秤体有煤粉的情况下，开启送煤风机和转子秤，使第一次开转子秤落入管道中的煤粉和第二次开启转子秤的煤粉先后送入分解炉，导致煤粉发生爆炸的严重后果，对该起事故的发生负有直接责任，建议某水泥公司对朱某宝、鲁某杰予以辞退，处理结果及时书面报县安监局备案。

3. 吴某，工艺工程师。2号线停窑时，未核实煤粉秤是否走空；在安排技术人员对煤粉秤校验时，仅确定了分解炉及窑尾无人工作，但忽略了箅冷机内还有人作业，对该起事故的发生负有主要责任，建议某水泥公司予以辞退，处理结果及时书面报县安监局备案。

4. 俞某均，设备保全部部长。制定的检维修工作方案形式化、格式化，没有可操作性，没有做出详细的时间安排，随意性大，现场监督管理不到位，对该起事故的发生负有主要责任，建议某水泥公司免去俞某均设备保全部部长职务，调整工作岗位，处理结果及时书面报县安监局备案。

5. 都某，生产部部长、安环部部长。与设备保全部共同制定的检维修工作方案没有可操作性，交叉工作没有做出详细的时间安排，对技术人员煤粉秤校验时的违章违规行为没有及时发现和制止，对该起事故的发生负有直接管理责任，建议某水泥公司免去都某安环部部长职务，处理结果及时书面报县安监局备案。依据《安全生产违法行为行政处罚办法》第四十五条的规定，建议对其给予5000元罚款的行政处罚。

6. 吕某化，安环部副部长，主持安环部日常工作。未健全本单位安全生产规章制度及操作规程(没有转子秤校秤、有限空间作业等管理规定)；对员工安全生产教育培训力度不够，针对性不强(连技术人员都不清楚煤粉在非正常情况下进入分解炉存在爆炸的风险)；未认真督促、检查本单位的安全生产工作，安全生产规章制度及操作规程落实不到位，安全生产标准化与实际脱节；有限空间作业票形式化、格式化，预计停窑12h，凌晨5时止料冷窑，下午5时前检修结束点火，而进入箅冷机作业票时间是9~19时；安全生产现场管理不规范，职工习惯性违章行为较普遍。对该起事故的发生负有管理责任，建议某公司免去吕某化安环部副部长职务，调整工作岗位，处理结果及时书面报县安监局备案。

7. 俞某明，公司法定代表人、总经理。未建立、健全并落实本单位安全生产责任制和安全管理制度，未认真督促、检查本单位的安全生产工作，对该起事故的发生负有领导责任。根据《安全生产法》第九十二条第一款的规定，建议对公司总经理俞某明处以34500元的罚款。

8. 某水泥公司安全生产主体责任落实不到位，虽然制定了相关安全管理制度，但制度不健全且执行不严格；无相关操作规程来规范作业行为，操作随意性大，分工不清，责任不明，工作统一性、协调性差；对职工的安全教育培训不深入，职工安全意识和风险意识淡薄，现场管理不到位，违章行为不能及时得到纠正，导致事故发生，造成1人死亡、1人重伤、3人轻伤，是事故发生单位。根据《安全生产法》第一百零九条第一款之规定，建议对某水泥公司处以30万元的罚款。

9. 镇政府和县经科委、县安监局安全生产属地监管和行业监管、综合监管责任落实不到位，对行业领域企业日常安全监管、隐患排查治理等工作不力，建议县政府对镇政府、县经科委、县安监局予以全县通报。

五、防范建议

1. 认真吸取事故教训，建立、健全并全面落实公司各级安全生产责任制。加强对从业人员的安全教育培训，提高管理人员的安全管理水平以及全体员工的安全意识和风险意识。

2. 企业要配齐配强班子领导，做到生产、安全有人主管，有人分管；要健全安全管理体系，生产部与安环部职责分开，各负其责，安环部负责加强对本单位及外包单位的安全监督管理，督促本单位各部门及外包单位落实安全生产责任，监督检查本单位各部门及外包单位安全教育培训、工伤保险、职业健康监护、劳动防护等落实情况，防止各类安全和职业危害事故发生。

3. 为防止次生事故发生，对爆炸涉及的设备、设施产生的显性与隐性损坏，要开展全面、深入细致的检查。对可能产生的隐性缺陷，要进行分析，对有怀疑和不能直观判断的，要申请第三方进行检验检测（如探伤）。进一步完善DCS控制系统故障报警程序，加装秤闸阀、仓闸阀关闭不严故障报警装置。

第十章 其 他

案例27 江苏省泰州市姜堰区某化工公司"4·13"爆炸事故❶

2016年4月13日，江苏省泰州市某化工有限公司(以下简称某化工公司)在停产检维修过程中发生一起除尘器爆炸事故，造成1人受伤，直接经济损失2.5万元。

一、事故单位概况

(一)事故单位情况

某化工公司位于姜堰区白米镇曙光工业园区，成立于2004年11月29日，经营范围：危险化学品(液体二氧化硫)制造、销售；家用电器、五金产品、波纹管、补偿器、日用品百货、普通机械及配件销售。该公司于2012年11月27日取得《危险化学品安全生产许可证》，于2015年12月7日换取新证，有效期至2018年12月6日。

(二)二氧化硫装置生产工艺

硫黄块经熔硫焚烧，产生的二氧化硫气体经过冷却后进入1号、2号两组除尘器除去硫黄粉尘，再经焦炭过滤器过滤后进入3号除尘器组除尘，经脱水后压缩成二氧化硫液体，经过冷凝器冷却后产生的成品二氧化硫液体送入储罐。

整个二氧化硫装置共有1号、2号、3号三组除尘器，每组除尘器由2个除尘器串接而成。硫黄粉尘与空气混合后会形成爆炸性混合物。正常情况下，某化工公司一个月清理一次除尘器内积聚的硫黄粉尘。

---

❶ 来源：泰州市应急管理局官方网站。

二、事故发生经过和事故救援情况

(一) 事故发生经过

2016 年 4 月 13 日，某化工公司厂长堵某金安排焚硫车间洪某清、王某寿、蒋某国、王某宝 4 名操作工做好二氧化硫生产装置开车前的准备工作；电话联系长期为某化工公司服务的社会水电工李某明维修熔硫池东侧以及空分车间门口的水管。

13 时左右，堵某金安排洪某清等人检查 2 号除尘器管道上的法兰垫片，清除管道及除尘器内积聚的硫黄粉尘。王某宝在清理粉尘过程中发现 2 号除尘器通向焦炭过滤器的管道上有一直径约 6mm 的洞口，有硫黄粉尘雾泄漏出来，就用木条将洞口堵起来，但还是有些泄漏。

15 时左右，李某明到达某化工公司后直接走到二氧化硫生产装置区，王某宝看到李某明后，请李某明焊接管道上的洞口，因某化工公司电焊机就放在装置附近，李某明答应了王某宝。15 时 35 分左右，李某明做焊接前的准备工作，并到自己车里拿了电焊面罩。15 时 40 分左右，李某明对洞口进行补焊，引弧瞬间，除尘器发生爆炸。

事故造成 2 号除尘器组的两个除尘器顶盖被掀开，1 号除尘器组的两个除尘器顶盖和 3 号除尘器组的一个除尘器顶盖被炸飞。爆炸冲击波掀起围墙上的 1 块砖头，砸中位于西侧的 1 家企业门卫葛某鸭腿部，经市二医院诊断为腿部骨折，无生命危险。

(二) 应急处置情况

事故发生后，现场人员利用厂内自来水对明火进行了扑救。消防人员赶到现场时，明火已经扑灭。

三、事故原因

(一) 直接原因

某化工公司职工在清理除尘器中硫黄粉尘时，硫黄粉尘与除尘器中的空气混合形成爆炸性混合物，遇违章焊接产生的火花发生爆炸。

(二) 间接原因

1. 李某明进厂作业前，某化工公司未对其进行安全教育培训，未告知本公司的安全生产规章制度；未对李某明电焊作业资格进行审查，未发现李某明无电焊作业操作证。

2. 某化工公司现场人员在安排李某明动火作业前未履行动火作业审批手续，未采取相应的安全措施。

3. 某化工公司对本公司职工安全教育培训不到位，未教育和督促从业人员严格执行本单位的安全生产规章制度和安全操作规程，现场操作工直接违章指挥焊接作业。

4. 某化工公司在本次检维修作业期间，未落实安全管理责任，未指派人员对现场实施安全管理；隐患排查治理不到位，一直存在职工采用铁质工具清理除尘器内硫黄粉尘的事故隐患。

5. 伊某，作为某化工公司主要负责人，未切实履行安全生产第一责任人责任，未建立健全本单位安全生产责任制并实施严格监督考核；督促、检查本单位安全生产工作不到位，未能及时发现并消除检维修作业中的事故隐患。

四、责任认定及责任者处理的建议

1. 伊某，某化工公司主要负责人，未认真履行安全生产第一责任人责任，未建立健全本单位安全生产责任制并实施严格监督考核；督促、检查本单位安全生产工作不到位，未能及时发现并消除检维修作业中的事故隐患。伊某对该起事故的发生负有责任，根据《安全生产法》第九十二条，建议由市安监局对其处以 2015 年年收入 30% 的罚款。

2. 王某宝，某化工公司操作工，违章指挥李某明从事焊接作业，对事故发生负有直接责任，建议由某化工公司按公司内部规定处理。

3. 堵某金，某化工公司生产厂长，未指派人员对作业现场实施安全管理，对外来施工人员管理不到位，建议由某化工公司按公司内部规定处理。

4. 符某宏，某化工公司安全员，隐患排查治理不到位，对于公司一直存在职工采用铁质工具清理除尘器内硫黄粉尘的事故隐患，未能发现并及时采取整改措施，建议由某化工公司按公司内部规定处理。

五、防范建议

1. 深刻反思本公司近两年来发生的两起同类型事故的原因，吸取事故教训，切实履行企业安全生产主体责任，建立健全安全生产责任体系，加强责任制落实情况的检查、考核，确保各级人员履行管理职责；加强职工安全教育培训，提高员工安全意识，督促从业人员严格执行安全生产规章制度和安全操作规程；加强外来施工人员的安全管理，严格审查特种作业人员上岗资格;加强特殊作业安全管理,严格执行特殊作业审批程序;加强作业现场安全管理,加大隐患排查治理力度,切实消除各类事故隐患。

2. 监督管理部门要加强对生产经营单位安全生产状况的监督检查,进一步督促企业落实安全主体责任,切实开展隐患排查治理工作,及时发现并消除各类事故隐患。

案例28 山东省淄博市临淄区某工贸公司"1·7"爆炸事故❶

2019年1月7日,山东省淄博市某工贸有限公司(以下简称某工贸公司)发生一起爆炸事故,造成1人死亡,直接经济损失120万元。

一、事故单位概况

(一)事故单位情况

某工贸公司主要从事苯四甲酸酐(别名:均苯四甲酸酐)的生产与销售。2006年6月,取得危险化学品安全生产许可证;2017年5月,取得危险化学品从业单位安全标准化三级证书,有效期至2020年5月;2018年6月,安全生产许可证延期换证,许可范围:苯四甲酸酐300t/年。现有员工39人。

(二)主要生产工艺

某工贸公司生产装置分为一车间和二车间,总生产能力为300t/年,事故发生在二车间。均四甲苯原料在气化器内气化,进入氧化反应器进行氧化反应,输出气态苯四甲酸酐,通过换热器进行热交换后,进入多级捕集器,在各级捕集器内凝华结晶形成针状固体,得到产品苯四甲酸酐。

(三)主要设备情况

均酐生产装置设一台氧化反应器,反应后分为东、西两条生产线进行产品捕集和粉尘缓冲收集,每条产品线安装3台产品捕集器和2台除尘缓冲罐,苯四甲酸酐逐级经过各设备降温结晶,形成粉状附着于器壁和沉降到设备底部,且粉尘粒度逐级减小,至5#缓冲罐处,产品粉尘颗粒达到最小。两条线缓冲后的尾气进入共用的一台除尘器,再进入尾气处理系统进行处理。

均酐生产装置每条生产线的2#捕集器出料量最大,占总量70%~80%,每天出料一次;其他捕集器和缓冲罐每7~10天出料一次。出料操作时,关闭出料生产线的前后阀门,另一条生产线单独运行。

---

❶ 来源:淄博市应急管理局官方网站。

经现场勘验，均酐生产装置事故现场受损设备情况见表 10-1，其中所列设备，为环保升级改造新增设备。

表 10-1　均酐生产装置事故现场受损设备一览表

序号	设备名称	位号	形式规格	功能用途	受损情况
1	西 1#捕集器	V2005a	40m³立式	产品结晶捕集	爆破片打开
2	西 2#捕集器	V2005b	200m³卧式	产品结晶捕集（主要）	爆破片打开
3	西 3#捕集器	V2005c	40m³立式	产品结晶捕集	爆破片打开
4	东 1#捕集器	V2006a	40m³立式	产品结晶捕集	爆破片打开
5	东 2#捕集器	V2006b	200m³卧式	产品结晶捕集（主要）	北侧封头爆裂、爆破片打开
6	东 3#捕集器	V2006c	40m³立式	产品结晶捕集	爆破片打开
7	西 4#缓冲罐		立式	粉尘缓冲收集	爆破片打开
8	西 5#缓冲罐		卧式方箱	粉尘缓冲收集	严重变形，为初始爆炸设备
9	东 4#缓冲罐		立式	粉尘缓冲收集	爆破片打开
10	东 5#缓冲罐		卧式方箱	粉尘缓冲收集	轻微变形
11	布袋除尘器		除尘		连接管脱落
12	尾气处理	系统	一套	尾气吸收处理	烧毁

（四）环保升级改造情况

2017 年 2 月，临淄区印发《2017 年度生态临淄建设工作任务》，将某工贸公司列入"有机化工 VOCS 治理"范围。按照临淄区《2017 年工业企业大气污染综合治理实施方案》要求，2017 年 6 月，某工贸公司完成环保治理升级改造。

2017 年 4 月，某工贸公司委托淄博某环保工程有限公司(以下简称某环保公司)提供环保治理升级改造方案并进行技术指导。因某工贸公司未按约定支付工程款，某环保公司未提供环保改造方案。

2017 年 4 月 7 日，某工贸公司均酐生产装置停车，进行环保设施升级改造。公司外购了光氧化器、活性炭吸附器和引风机，自制了 4 台除尘缓冲罐、1 台除水器和 1 个除尘器箱体，并进行了现场配管与施工安装。4 台除尘缓冲罐的作用是使系统内的气体温度下降、粉尘沉降，从而降低除尘器内部温度，减轻除尘器工作负荷。缓冲罐和除尘器延长了生产工艺流程。

2017 年 6 月，环保治理升级改造主体工程竣工，进行了试生产。2017 年 7 月初，临淄区辛店街道办安全环保办公室组织专家，对环保改造情况进行了检查确认。7 月 25 日，完成各项环保改造工程收尾工作，生产装置调试正常，正式投入生产运行。

（五）中介机构及服务情况

1. 评价机构及评价情况：淄博某安全评价有限公司（以下简称某安全评价公司）系有限责任公司，法定代表人孙某波，注册资本300万元，具有安全评价乙级资质。

2017年10月16日，某安全评价公司受某工贸公司委托，出具了《安全现状评价报告》。评价范围不包含"均酐生产装置事故现场受损设备一览表"中序号7-12所列设备。报告结论为：安全生产条件符合国家安全生产法律法规、标准和规范的要求，其安全状况达到可以接受的程度。

2018年6月，某安全评价公司用《某工贸公司300t/年苯四甲酸酐项目安全诊断设计报告》的图纸替换了原《安全现状评价报告》附图，并根据"安全生产许可证延期"审查专家意见，修订了《安全现状评价报告》，上报原市安监局，作为行政许可依据。

2. 环保设施安全检查情况：2018年4月13日，某安全评价公司中标原市环保局临淄分局环境安全技术第三方服务采购项目，负责对某工贸公司等108家企业环保设施的安全情况进行专项检查，并要求2019年3月前，完成整改情况的复查。

2018年7月27日，某安全评价公司组织3名专家对某工贸公司的环保设施进行了安全检查，提出"环保设施的安全设施未与主体工程同时设计"，建议企业聘请设计公司对环保设施进行设计安全诊断。9月14日，设计公司出具了《环保设备项目设计安全诊断报告》。9月19日，某安全评价公司组织专家对某工贸公司环保设施进行复查，尚未出具检查报告。

3. 设计安全诊断单位及诊断情况：山东某工程设计有限公司（以下简称某工程设计院）系有限责任公司，法定代表人周某祥，注册资本605万元，具有化工石化医药行业（化工工程）专业甲级设计资质。

2018年4月，受某工贸公司委托，某工程设计院出具了《某工贸公司300t/年苯四甲酸酐项目安全诊断设计报告》，其设计诊断范围不包含前文"均酐生产装置事故现场受损设备一览表"中序号7~12所列设备。

2018年8月，受某工贸公司委托，某工程设计院出具了《某工贸公司环保设备项目设计安全诊断报告》。其设计诊断范围也不包含前文"均酐生产装置事故现场受损设备一览表"中序号1~10所列设备。

4. 安全许可审查技术服务机构及服务情况：山东某安全咨询评价有限公司（以下简称某安全咨询评价公司）系有限责任公司，法定代表人刘某德，注册资金 652 万元，具有安全评价乙级资质。

2018 年 4 月 11 日，某安全咨询评价公司作为原市安监局委托的安全许可审查技术服务机构，组织 2 名专家对某工贸公司"安全生产许可证延期"事项进行了技术审查，针对某工贸公司《安全现状评价报告》提出 7 条问题，针对现场生产装置提出 6 条问题，并以"评价报告和图纸部分内容与现场不一致"为由，要求某工贸公司聘请设计公司对苯四甲酸酐生产装置进行设计安全诊断。

2018 年 6 月 25 日，某工贸公司提供了《300t／年苯四甲酸酐项目安全诊断设计报告》和 13 条问题整改情况，经某安全咨询评价公司专家复查、签字确认其整改情况符合要求，报原市安监局作为安全生产许可证延期换证的许可依据。

（六）事故调查试验检测情况

1. 产品物化性质

苯四甲酸酐属可燃固体，外观为白色结晶粉末，具吸湿性，熔点 286℃，沸点 400℃，其粉体与空气混合能形成爆炸性混合物。调查组委托中国石化齐鲁分公司消防部门对产品物料进行了点火试验，粉状物料极易点燃。

2. 产品粉尘最小点火能检测

调查组委托上海应用技术大学工业安全及爆炸防护研究所对苯四甲酸酐粉尘最小点火能进行了试验检测。2019 年 2 月 18 日出具了检测报告，报告结论：苯四甲酸酐粉尘最小点火能为 14～16mJ；粉尘中位径为 49.78μm。SY/T 6340《防静电推荐作法》数据，人体静电放电的点火等效能量可以达到 30mJ，静电火花放电的点火等效能量可以达到 10000mJ。

3. 产品粉尘粒径检测

事故调查组委托山东某制药股份有限公司对苯四甲酸酐产品粉尘进行了粒径检测，2019 年 2 月 1 日，出具的检测报告显示：粒径小于 75μm 的粉尘占检测样品体积的 77% 左右，粒径小于 50μm 的粉尘占检测样品体积的 64% 左右。

GB 12158《防止静电事故通用导则》明确："粉体的粒径越细，越易起电和点燃。在整个工艺过程中，应尽量避免利用或形成粒径在 75μm 或更小的细微粉尘。"

二、事故发生经过和事故救援情况

（一）事故发生经过

2019 年 1 月 7 日 0 时至 5 时，均酐生产装置两条产品线正常生产。1 月 7

日5时，出料工孙某民、孙某恒1、孙某恒2三人对均苯生产装置东生产线3台捕集器和2台缓冲罐进行出料。7时2分，出料完毕。孙某民到包装车间包装产品；孙某恒2开叉车到仓库放置底盘，准备码放料包；孙某恒1将散落在地面上的物料进行了打扫。7时17分，操作工边某春、王某业关闭了东1#捕集器的排气口；7时19分，边某春、王某业开启了东5#缓冲罐到除尘器的阀门；7时21分，边某春、王某业回到东1#捕集器处开启供气阀门，向东产品线送入气态苯四甲酸酐。边某春和王某业完成了上述操作后，回到了控制室。

7时31分，出料工孙某恒1停留在均酐生产装置北侧的道路旁，整理个人防护用具。7时31分14秒，西5#缓冲罐严重变形，首先发生爆炸；随即西4#缓冲罐、东产品线各捕集器和缓冲罐连续发生爆炸。7时31分15秒，东2#捕集器发生爆炸，其北侧封头爆裂，与其紧邻的北面砖墙炸开，炸飞的一块砖墙碎片击中了出料工孙某恒1。7时31分16秒，燃爆火焰通过除尘器和尾气管线引燃了装置西侧尾气处理系统的各台设备。7时31分50秒，西2#捕集器发生爆炸。

（二）事故应急处置及善后处理情况

7时33分，某工贸公司副总经理胡某于拨打了119电话，消防救援队伍15分钟后到达现场，展开灭火救援。7时37分，王某全拨打了120急救电话，医疗急救人员赶到现场，将孙某恒1紧急送往医院。8时30分，伤者经抢救无效死亡。8时50分，现场火灾全部扑灭。

事故发生后，某工贸公司与死者家属商谈善后处理事宜。1月9日，死者遗体火化，事故善后处理工作基本结束。

三、事故原因

（一）直接原因

西5#缓冲罐内积尘较多、粒径较小，且氧气含量充足。因罐体和进、出口管道未进行正规设计，设备管道设置安装不合理，缓冲罐内存在较强的湍流现象，加剧了罐内粉尘摩擦和静电集聚。静电集聚达到高电位后对金属罐体放电，遇粉尘浓度处于爆炸极限范围内时，放电能量引发苯四甲酸酐粉尘云爆炸。

5#缓冲罐的爆炸引发其他捕集器和缓冲罐发生连环爆炸，东2#捕集器爆炸时北侧封头爆裂，爆炸能量致使北面砖墙破坏，飞出的砖墙碎片击中位于均酐生产装置北侧道路旁的出料工孙某恒并致其死亡，是导致事故发生的直接原因。

（二）间接原因

1. 某工贸公司未制定报备环保改造整治方案，擅自制作安装设施设备。

（1）未进行设计验收。未对环保改造项目进行正规设计，自行制作安装缓冲罐及管道，未考虑气体和粉尘的流速、流向等因素，致使设备内部扬尘和静电集聚加剧，未对设备管道进行安全验收。

（2）未使用合格爆破片。捕集器和缓冲罐上的爆破片，企业自行制作并安装使用，未经过检测验收，导致设备泄爆能力严重不足。

（3）操作规程不完善。对粉尘爆炸危害认识不足，环保升级改造后，未修订完善工艺操作规程规定，致使缓冲罐内积尘过多，并产生静电聚集。

（4）自动化系统有缺陷。自动化系统无历史记录和查询功能，不能保证安全稳定运行，发现缺陷后未进行维修保养，致使自动化系统带病运行。

（5）双重预防体系流于形式。未落实双重预防体系动态管理，环保升级改造后，未对新增设备设施进行风险分析，未制定工艺技术和安全管理措施。

2. 设计单位安全诊断报告不规范，事故隐患分析不全面。

（1）诊断报告有瑕疵。安全诊断设计报告的工艺流程图与现场实际不符；环保设备项目设计安全诊断报告未包含新增的 4 台除尘缓冲罐，存在严重漏项。

（2）隐患诊断不准确。未按照《关于开展化工装置设计安全诊断工作的意见》相关要求，对延长了工艺流程的新增 4 台除尘缓冲罐，诊断分析其存在的粉尘爆炸事故隐患。

3. 评价单位安全分析不全面。《安全现状评价报告》分析捕集器"有可能粉尘爆炸"，将其列为"Ⅲ级低度危险"，未提出安全防范措施；工艺流程图与现场实际不符。

4. 安全许可审查技术服务机构现场审查不全面。未认真核实环保升级改造后现场设备的变化；未发现《安全现状评价报告》所附工艺流程图与现场实际不符。

5. 临淄区辛店街道办事处落实属地管理责任不到位。组织安全生产、环保改造检查不彻底，未督促事故单位报备《环保整改方案》，落实安全生产措施。

四、责任认定及责任者处理的建议

（一）建议追究刑事责任人员

石某民，某工贸公司主要负责人。对未制定报备环保改造整治方案、未对改造项目进行设计、擅自制作安装设施设备及管道、未对设施设备进行安全验收、未修订完善工艺操作规程规定导致事故发生负有主要领导责任。建议司法机关追究其刑事责任。

（二）建议行政处罚单位和人员

1. 某工贸公司。未认真履行安全生产主体责任，未制定报备环保改造整治方案；未对改造项目进行设计，擅自制作安装设施设备和爆破片；环保升级改造后，未修订完善工艺操作规程规定；双重预防体系工作流于形式。对事故的发生负有主要责任。建议对其纳入市级安全生产"黑名单"管理；依据《安全生产法》第一百零九条第（一）项之规定，由市应急管理局对其处以25万元的行政罚款。

2. 某工程设计院。设计安全诊断报告工艺流程图与现场实际严重不符；设计安全诊断报告和环保设备项目设计安全诊断报告均未对4台除尘缓冲罐进行诊断。对事故的发生负有重要责任。建议由市应急管理局依法没收其违法所得。

3. 某安全评价公司。未对粉尘爆炸事故隐患提出针对性措施和建议；评价报告图纸与现场实际严重不符。对事故的发生负有重要责任。建议依据《山东省安全生产条例》第四十六条规定，由市应急管理局依法没收其违法所得，并由市应急管理局对其进行约谈。

4. 某安全咨询评价公司。未认真履行安全许可审查技术服务机构应尽职责，未发现均酐生产装置工艺流程图与现场实际严重不符；未发现4台除尘缓冲罐未经正规设计存在事故隐患。对事故的发生负有重要责任。建议依法没收其违法所得，并由市应急管理局对其进行约谈。

（三）建议问责的单位

临淄区辛店街道办事处党工委、街道办事处未督促事故单位报备《环保整改方案》，扎实开展双重预防体系建设，落实安全生产措施。对事故的发生负有重要责任。建议向临淄区委、区政府做出深刻检查。

五、防范建议

1. 各级政府、各有关部门和各企业单位要深刻吸取事故教训，强化红线意识和底线思维，严格落实"党政同责、一岗双责、齐抓共管"和"管行业必须管安全、管业务必须管安全、管生产经营必须管安全"的要求，全面彻底排查各类隐患，狠抓安全生产责任落实，切实堵塞安全漏洞，严防各类事故发生。

2. 各涉及环保改造企业要全面进行排查，确保所有改造项目都要有相应工程设计资质的单位出具设计方案和施工图，都要购买合格的设备，都要由具备相应工程施工资质的单位进行安装、施工，都要完善落实工程质量、安全管理制度和竣工验收程序。对已经完工的没有经过正规设计的项目，要聘请具备专业资质的技术机构进行设计安全诊断，诊断和隐患整改情况要报各级生态环境等相关部门备案。

3. 各级监管部门要认真履行监管职责，按照职责分工和管行业必须管安全、管业务必须管安全、管生产经营必须管安全的要求，抓好分管行业领域安全生产监管。生态环境部门对各企业的环保治理项目要加强监督检查，督促企业严格执行环保治理项目的安全风险评估和安全验收程序，确保项目由具备相应资质的单位设计、施工和监理，相关工艺、设备、电气和自控系统必须符合安全标准要求。应急管理部门要加强监督检查，督促企业落实安全生产主体责任，扎实开展安全教育培训，督促企业高标准建立、高质量运行双重预防体系，严格落实风险管控和隐患治理的各项措施，切实防范各类生产全事故的发生。

案例29　河南省周口市淮阳县
某生物科技公司"4·22"爆炸事故❶

2017年4月22日，河南省周口市淮阳县安岭镇河南某生物科技有限公司（以下简称某生物科技公司）发生一起因超出生产经营和登记范围违法生产、违规操作造成的粉尘爆炸事故，造成2人死亡、1人受伤。伤者因救治无效于2017年6月8日死亡。直接经济损失约287万元。

一、事故单位概况

（一）某生物科技公司

截止事故发生，该公司2014~2016年度通过了国家企业信用信息公示系统公示年报信息。

1. 成立注册情况。该公司成立于2012年1月10日，住所设于郑州市；法定代表人陈某珍；注册资本100万元；经营范围：批发兼零售化肥、化工产品（易燃易爆及危险化学品除外）。

变更情况：2012年2月14日，注册资本由100万元变更为1200万元。

---

❶ 来源：周口市淮阳区委、周口市淮阳区人民政府官方网站。

2013 年 6 月 9 日，该公司住所变更为县安岭镇徐楼村。经营范围变更为：化肥、化工产品(易燃易爆及危险化学品除外)批发、零售；水溶性肥料生产农业技术推广服务(法律法规应经审批的，未获批准前不得经营；法律法规禁止的不得经营)。2014 年 1 月 22 日，经营范围变更为：化肥、化工产品(易燃易爆及危险化学品除外)批发，零售；农业技术推广服务；微量元素水溶肥料水剂、微量元素水溶肥料粉剂、大量元素水溶肥料水剂、大量元素水溶肥料粉剂、含腐殖酸水溶肥料水剂、含腐殖酸水溶肥料粉剂、含氨基酸水溶肥料粉剂、含氨基酸水溶肥料水剂生产、销售。

2. 该公司申请取得农业部颁发"肥料临时登记证"和"肥料正式登记证"情况。"肥料临时登记证"情况：2013～2016 年度 8 种；"肥料正式登记证"情况：2016 年度 5 种、2017 年度 2 种。

3. 该公司生产产品。2013 年至事故发生期间，该公司根据业务需求，间歇性生产了以下产品和有关化工制品：(1)水溶肥料系列：神油宝(氨基酸水溶肥料水剂)、生根粉(微量元素水溶肥料)、矮壮壮(微量元素水溶肥料)、生根快线(含氨基酸水溶肥料)、珍命素等多个系列。(2)植物生长调节剂系列：生产邻硝基苯酚钠、复硝酚钠，销售邻硝基苯酚钠、复硝酚钠 DA-6(又名胺鲜酯)、萘乙酸钠等植物生长调节剂。申报登记材料存在虚假情况。经查：在向农业部申请"肥料临时登记证"和"肥料正式登记证"时，在单位人员组成、实验室、标准化厂房等方面提供了相关虚假材料。

4. 申报登记材料描述的设备设施与作业场所设备设施不一致。经对比申报材料和现场设备设施，没有在申报材料报告的有四种主要设备设施：蒸汽锅炉、离心机、水循环真空、烘干设备。实际生产区具有邻硝基苯酚钠、复硝酚钠的生产设备。

(二) 该公司人员有关情况

截至 2017 年 4 月 21 日，该公司共有 17 人(含管理人员、会计、工人、杂工等)。事故发生时，该厂区内实有 11 人(含生产人员及工人家属)，其中在生产区人员 6 人。该公司工人无固定岗位，一般是根据生产过程需要由带班进行指派。

(三) 该公司生产经营场所有关情况

1. 生产经营场所所有人和有关情况。该场所原为安岭乡政府淀粉厂，现实际所有人是徐楼村村民徐某峰和徐某志弟兄俩。位于县安岭镇徐楼村(106 国道东侧)，厂区占地 4000m²，建筑面积约 1000m²，内部有三排均为一层东西走向的砖混结构建筑房屋，由北向南依次为办公区、生产车间、仓库。厂区分前后2个院落，前院生产、后院办公食宿。

2. 生产经营场所房屋租赁合同情况。2013年之前徐楼村村民徐某峰和徐某志弟兄俩与陈某瑞(陈某珍哥哥)签订租赁合同，陈某瑞以此为场所注册了淮阳县某化工有限公司。该公司2012年11月2日"安全生产许可证"到期后，因房租未到期，由陈某珍继续使用。陈某瑞合同到期后，徐某峰和徐某志弟兄俩与陈某珍签订租赁合同，租金9万元(其中房屋租金6万元，每年给3万元的协调费包括各方面检查、群众工作等)，2014年7月份又签订新合同，每年租金10万元。陈某珍以此为场所变更了某生物科技公司注册场所。

3. 县某化工有限公司。该公司于2009年11月3日至2012年11月2日期间，具有河南省安监局颁发的"安全生产许可证"，许可证载明其生产品种为：邻硝基苯酚钠、DA-6、复硝酚钠、四甲基戊二酸、α萘乙酸钠。

经查，该公司的法人代表是陈某珍的哥哥陈某瑞，陈某珍在该公司工作。该公司安全生产许可证到期后未继续申请许可。2013年至事故发生期间，陈某珍组织人员，利用原县某化工有限公司生产场地未拆除的原有设备设施进行邻硝基苯酚钠等化工产品的生产，将邻硝基苯酚钠、对硝基苯酚钠和5硝基俞创木酚钠加工复配复硝酚钠。

（四）事故发生车间有关情况

事故发生在反应烘干东车间，车间内布置混乱，有反应装置、烘干设备，还要进行烘干产品包装等。3名操作人员未经过安全培训，该车间也没有悬挂《安全管理制度》《安全操作规程》等。操作人员在用托盘将烘干的邻硝基苯酚钠取出、倾倒在铺设在车间水泥地面的彩条塑料布上、包装作业过程中发生事故。

（五）该公司事故前的生产情况

根据询问笔录及事故现场勘察证实，水溶肥料近20多天未进行生产。生产区内只有邻硝基苯酚钠生产作业，由于其间歇生产的特点，融料与反应过程已经结束，生产作业仅在反应烘干车间进行烘干包装作业，在离心混合车间进行离心脱水作业。

（六）邻硝基苯酚钠、复硝酚钠和水溶肥料生产工艺情况

邻硝基苯酚钠是以邻硝基苯酚与氢氧化钠为原料按照一定比例进行生产。复硝酚钠是由邻硝基苯酚钠、对硝基苯酚钠、5-硝基俞创木酚钠三元复配而成，实际比例根据用户要求调节。生产过程需要保障安全的场所和设施设备，涉及原材料邻硝基苯酚、对硝基苯酚钠、氢氧化钠等危险化学品的使用和易燃、禁止撞击的危险物料的烘干、包装作业，事故风险程度较高。

水溶肥料的生产是复配、灌装，过程简单，使用场地小。不涉及易燃易爆、有毒或强腐蚀性等物料，安全风险相对较低。

（七）专家组调查工作情况

2017年4月24日，事故调查组聘请雒某亮(郑州某大学教授、河南省化工、安全专家)、范某山(郑州某大学副教授，土肥、安全专家)、李某伟(河南某警察学院，原周口市公安局高级工程师、爆破专家)3人作为专家成立事故调查专家组，重点对事故发生的原因、过程、企业管理等方面情况展开调查，并提交了专家组技术调查报告。

（八）购买工伤保险情况

某生物科技公司未与工人签订劳动合同，未依法为职工购买工伤保险。

二、事故发生经过和事故救援情况

（一）事故发生经过

2017年4月22日，上午9时28分左右，杨某华、郭某富、张某会3人在东车间(烘干车间)对烘干箱中烘干后托盘中的邻硝基苯酚钠进行取出，进行倾倒、包装作业。郭某富将两只托盘向地面上撞击的一瞬间，一个大火球出现了，火焰冲破屋顶。起火点发生粉尘爆炸后，形成的火团及热浪将车间屋顶的彩钢板吹开，火焰引起了南北两个院内晾晒场上晾晒的对硝基苯酚钠、5-硝基俞创木酚钠、物料房、离心混合车间内邻硝基苯酚钠等可燃物相继燃烧。由于苯环的燃烧特点，形成了大量黑烟。

事故造成杨某华、郭某富当场死亡，张某会虽然逃离现场，但也严重烧伤。生产区其他8人均安全逃离现场。

（二）事故应急救援情况

4月22日9时29分，县消防大队接到报警："县安岭镇一面粉厂发生爆炸引发火灾"。接到报警后淮阳大队出动7辆消防车、27名消防官兵前往现场救援。9时55分7辆消防车、27名消防官兵救援力量到达现场，迅速组织开展灭火救援。县公安、安监、环保、医疗等部门相继到场，协助处置。10时14分在东生产车间东南厕所附近发现1人(张某会受伤)被困并救出；10时58分火势得到有效控制；11时05分发现第一名死亡人员郭某富；11时30分发现第二名死亡人员杨某华；16时28分刑侦部门对2名死者完成定位后移出；

19 时 32 分现场监护结束。

（三）事故的报告情况

事故发生后，9 时 29 分县消防大队接到群众报警。某生物科技公司未向县安岭镇、县农牧局和县安全监管局进行报告。

（四）善后处理情况

事故发生后，在县政府指导帮助下，安岭乡镇党委政府代替企业与 2 名死亡家属和 1 名受伤人员分别签订了赔偿协议，并垫付了赔偿金、丧葬抚恤金和医疗费用，事故善后工作得到妥善处理。

三、事故原因

（一）直接原因

某生物科技公司工人郭某富将不锈钢托盘中干燥后的邻硝基苯酚钠向地面倾倒过程中违规操作，将装有邻硝基苯酚钠的金属托盘撞击水泥地面及地面上的邻硝基苯酚钠，引燃邻硝基苯酚钠粉尘，导致燃烧，造成粉尘爆炸事故。

生产区反应烘干东车间发生粉尘爆炸后，形成的火团及热浪将车间屋顶的彩钢板吹开，火焰引起了南北晾晒场上晾晒的邻硝基苯酚钠、对硝基苯酚钠、5-硝基俞创木酚钠及物料房、离心混合车间内的邻硝基苯酚钠等可燃物相继燃烧，作业场所不具备化工产品安全生产条件加重了事故发生的后果。

（二）间接原因

1. 事故企业超出经营范围和登记(许可)范围违法违规生产销售。（1）超出《营业执照》经营范围生产邻硝基苯酚钠、复硝酚钠等化工产品；超出《营业执照》经营范围购买储存邻硝基苯酚、对硝基苯酚钠、氢氧化钠等危险化学品；超出《营业执照》经营范围销售邻硝基苯酚、对硝基苯酚钠等危险化学品。（2）未办理农药生产许可手续，存在"无证生产销售复硝酚钠、DA-6（又名胺鲜酯）、萘乙酸钠等植物生长调节剂类农药产品"等违法违规行为。（3）未办理危险化学品经营许可手续，没有合格的仓储场所。存在"多批次无证销售邻硝基苯酚、对硝基苯酚钠等危险化学品"等违法违规行为等。

2. 作业场所不具备生产化工产品安全生产储存条件，事故企业作业场所布局不合理，长期存在消防安全隐患。事故企业生产区、晾晒场、仓库区、办公区和生活区没有按照相关规范分区独立布设，生产区反应烘干车间和离心混合车间北边紧邻晾晒场、生活区和办公区，南边紧邻晾晒场和加热混合罐等车间；晾晒场又和物料房、锅炉房、仓库相邻，并且晾晒场上经常晾晒对硝基苯酚钠、复硝酚钠等可燃物；仓库管理违反有关规定，混放着大量危险化学品、植物生长调节类农药和易燃类化工产品等，长期存在消防安全隐患。

3. 事故企业没有落实企业安全生产主体责任。(1)未根据生产实际建立安全生产责任制，没有层层签订安全生产责任书；(2)没有安全管理制度和安全操作规程，没有事故应急救援预案；(3)教育培训不落实。未结合企业实际制定安全生产教育培训计划，招聘人员未经过任何培训，直接上岗；(4)设备安全管理不到位。无技术档案资料，操作人员对设备不了解，对邻硝基苯酚钠、复硝酚钠生产过程的危险性认识不足，操作人员凭经验、感觉、直觉操作；(5)企业管理人员和操作人员安全意识淡漠，素质较低，从业人员缺少必要的安全生产常识、知识，经常性违规操作；(6)该公司经常关闭厂区大门生产，刻意逃避监管；(7)没有建立安全生产隐患排查台账，没有及时消除安全隐患等。

4. 安岭镇政府对事故企业存在的安全隐患和违法违规生产问题未有效督促纠正和正确处置。

5. 县农牧局对事故企业存在的安全隐患和超登记范围违法违规生产问题未及时检查发现、依法查处和处置。

6. 县安岭镇工商和质量技术监督局安岭所对事故企业存在的超出经营范围和登记(许可)范围的违法违规行为，未及时检查发现、依法查处和处置。

四、事故相关管理部门履职情况、责任认定和责任划分

1. 县安岭镇党委政府。作为属地乡镇政府，日常安全生产检查和隐患治理排查工作流于形式，安全生产监管工作存在漏洞，对事故企业存在的安全隐患和违法违规生产问题未有效督促纠正和正确处置。主要存在问题：(1)对事故企业安全生产工作指导检查不力，对事故企业存在的"超出《营业执照》经营范围和登记(许可)范围违法违规销售危险化学品，违法违规生产化工产品、农药""作业场所不具备生产化工产品安全生产储存条件，作业场所布局不合理，生产区、办公区、生活区、仓库区没有分区布设，长期存在消防安全隐患""事故企业没有落实企业安全生产主体责任"等安全隐患和违法违规生产问题未有效督促纠正和正确处置；虽然对事故企业有检查，也发现了问题，但没有形成有效的闭环管理，对事故企业长期存在的隐患和违法违规行为，没

有采取有效的管理手段，未按照有关规定移交有关部门和及时向县政府报告处置等；（2）没有认真落实"党政同责、一岗双责、齐抓共管"和"管行业必须管安全，管业务必须管安全，管生产经营必须管安全"的总体要求，没有对辖区内企业建立安全生产主体责任考核机制、没有制定相关安全生产管理制度；（3）日常检查工作存在棚架现象，管理体制不科学，对辖区内企业缺乏有效监管，日常检查和隐患排查工作主要交由各行政村负责，又没有对行政村建立考评监督机制；（4）安监站仅有1名工作人员，安全生产监管能力不能满足监管任务的需要；（5）对辖区企业的安全生产工作安排部署不周密，没有和有关行业监管主管部门建立常态的监管机制、理顺关系、明确职责，落实管理责任；（6）没有对辖区内企业澄清底数、登记造册，并签订安全生产责任书；（7）没有按照相关规定对辖区内企业开展安全生产培训工作，没有制定年度安全生产教育培训计划；（8）对县安委会要求的开展安全生产隐患排查工作贯彻执行不力，隐患排查专项治理工作不深入，虽然对有关企业开展了检查工作，也发现了问题，但没有形成有效的闭环管理；（9）没有按照相关规定，制定安全生产专项应急预案；（10）事故发生后，党政主要领导都在现场情况下，没有向县领导及时准确地报告事故企业的基本情况，致使县政府通过政府网站在4月22日14时38分对外发布信息时，没有准确表达事故企业的名称等。

针对以上存在的有关问题，承担属地乡镇政府"对事故企业存在的安全隐患和违法违规生产问题未有效督促纠正和正确处置"的责任。对此，安岭镇徐楼行政村村支书孙某于负有直接责任，安监站站长张某强负有直接责任，副镇长张某进负有镇政府分管领导责任，镇长霍某负有镇政府行政领导主要责任，书记邓某中负有党委重要领导责任。

2. 县农牧局。作为肥料行业主管和行业监管部门，对辖区内肥料生产企业安全生产管理工作缺乏有效指导，安全生产监管工作存在漏洞，对事故企业在的安全隐患和超登记(许可)范围违法违规生产问题未及时检查发现、未依法查处和处置。主要存在问题：（1）没有按照《肥料登记管理办法》有关规定，正确、及时履行行业指导和行业监管的职责，对辖区内有"肥料登记证"的企业缺乏有效监管，特别是事故企业已经取得"肥料临时登记证"和"肥料正式登记证"4年多的情况下，县农牧局相关部门仅仅在2017年3月份在农资专项排查中才发现这个企业；（2）没有认真落实"管行业必须管安全，管业务必须管安全，管生产经营必须管安全"的总体要求，没有对辖区内行业监管企业建立安全生产主体责任考核机制、没有制定相关安全生产管理制度；（3）没有对辖区内登记(许可)的肥料、农药生产企业澄清底数、登记造册,并签订安全生产责任书;(4)对辖区企业的安全生产工作安排部署不周密,没有和属地乡镇政府、有关行业监管部门建立常态的监管机制、理顺关系、明确职责,落实管理责任;(5)没有制定部门年度安全生产日常检查和执法工作计划,检查执法工作不深入、不到位,存在棚架现象,长达4年多的时间没有到事故企业检查过,今年3月份到事故企业检查时,又没有认真检查生产设施、生产工艺、原材料、产品半成品、产品、有关台账及厂区布设是否符合相关规范等,特别是没有及时发现和查处事故企业"存在多批次超出登记(许可)范围生产销售邻硝基苯酚钠、复硝酚钠、DA-6(又名胺鲜酯)、萘乙酸钠等化工产品和植物生长调节剂类农药产品"等违法违规行为;(6)没有及时发现和查处事故企业在水溶肥料生产过程中添加有关植物生长调节剂和防霉、防病的化学成分的违法违规行为;(7)对县安委会要求的开展安全生产隐患排查工作贯彻执行不力,隐患排查专项治理工作不深入,虽然对有关企业开展了检查工作,也发现了问题,但没有形成有效的闭环管理等。

针对以上存在的有关问题,承担行业监管部门"对事故企业在的安全隐患和超登记(许可)范围违法违规生产问题未及时检查发现和依法查处"责任。对此,农牧局农药检定站站长刘某峰负有直接责任,副局长张某伟负有分管领导责任。

3. 县工商和质量技术监督局安岭所。作为安岭镇生产经营市场源头管理的具体部门,对辖区内事故企业申请许可的为水溶肥料系列产品,却长期超出生产经营范围违法违规生产销售的行为未发现,特别是没有发现和查处事故企业"存在多批次无证销售邻硝基苯酚、对硝基苯酚钠等危险化学品,超出营业执照生产经营范围购买储存邻硝基苯酚、对硝基苯酚钠、氢氧化钠等危险化学品;无证生产销售复硝酚钠、DA-6(又名胺鲜酯)、萘乙酸钠等植物生长调节剂类农药产品;超出营业执照生产经营范围生产邻硝基苯酚钠、复硝酚钠"等违法违规行为,存在监管工作不深入、不到位等问题。

针对以上存在的有关问题,承担"对事故企业存在的超出经营范围和登记(许可)范围的违法违规行为,未及时检查发现、依法查处和处置"责任。对此,县工商和质量技术监督局安岭所科员梁明金负有直接责任,副所长李某负有分管领导责任。

五、责任认定及责任者处理的建议

(一)已被公安机关采取司法措施人员

1. 郭某富,烘干车间操作工人。违规操作导致事故发生,是事故的直接责任人。鉴于已经在事故中死亡，不再追究其刑事责任。

2. 陈某珍，某生物科技公司法定代表人。承担该公司发生安全生产责任事故直接领导责任。涉嫌重大责任事故罪已被公安机关采取强制措施。

3. 杨某冰，某生物科技公司生产现场实际生产负责人。承担该公司发生安全生产责任事故直接管理责任。涉嫌重大责任事故罪已被公安机关采取强制措施。

（二）已被检察部门、纪检监察机关问责人员

1. 孙某于，安岭镇徐楼行政村党支部书记。其对辖区内生产企业未能履行属地安全监管责任，对事故负有直接责任。根据《中国共产党纪律处分条例》第一百一十四条之规定，县纪委决定给予孙某于同志撤销党内职务处分。

2. 张某强，安岭镇安监站站长。其对辖区内某生物科技公司安全生产监督检查中，不认真履行岗位职责，对事故负有直接责任。2017年9月，县人民法院判决张某强犯玩忽职守罪，免于刑事处罚。根据《中国共产党纪律处分条例》第三十二条、第十条和《安全生产领域违法违纪行为政纪处分暂行规定》第八条之规定，县纪委、监察局决定给予张某强同志党内严重警告（处分期二年）、行政撤职的处分。

3. 刘某峰，县农药鉴定站站长。其对事故企业存在的安全隐患和超登记许可范围违法违规生产问题未及时检查发现、未依法查处和处置，对事故负有直接责任。2017年11月，县人民法院判决刘某峰犯玩忽职守罪，免于刑事处罚。根据《中国共产党纪律处分条例》第三十二条、第十条和《事业单位工作人员处分暂行规定》第十七条之规定，县纪委、监察局决定给予刘某峰同志党内严重警告（处分期二年）、撤职的处分。

4. 梁某金，县工商质监局安岭所公职人员。其在工作中没有正确履行自己的职责，对辖区内事故企业存在长期超出经营范围和登记（许可）范围的违法违规行为，未及时检查发现、依法查处和处置，对事故负有直接责任。根据《安全生产领域违法违纪行为政纪处分暂行规定》第八条之规定，县监察局决定给予梁某金行政记大过处分。

5. 李某，县工商质监局安岭所副所长。其在工作中没有正确履行自己的职责，对辖区内事故企业存在长期超出经营范围和登记（许可）范围的违法违规行为，未及时检查发现、依法查处和处置，对事故负有分管领导责任。根据《安全生产领域违法违纪行为政纪处分暂行规定》第八条之规定，县监察局决定给予李某行政记过处分。

6. 张某进，安岭镇党委委员、副镇长。其对辖区内生产企业的安全生产监督检查不按规定安排部署，发现隐患后，不及时督促上报，对事故负主要领导责任。2017年9月，县人民法院判决张某进犯玩忽职守罪，免于刑事处罚。根据《中国共产党纪律处分条例》第三十二条和《行政机关公务员处分条例》第二十条之规定，县纪委、监察局决定给予张某进同志撤销党内职务、行政撤职处分。

7. 张某伟，县农牧局党组成员、副局长。其对分管行业范围内的企业在安全隐患和超登记许可范围违法违规生产问题未及时检查发现、未依法查处和处置，致使发生生产安全事故，对事故负主要领导责任。2017年11月，县人民法院判决张某伟犯玩忽职守罪，免于刑事处罚。根据《中国共产党纪律处分条例》第三十二条和《行政机关公务员处分条例》第二十条之规定，县纪委、监察局决定给予张某伟同志撤销党内职务、行政撤职处分。

8. 霍某，安岭镇党委副书记、镇长。其在日常安全生产检查和隐患排查、治理工作中流于形式，安全生产监管工作存在漏洞。虽然对事故企业有检查，也发现了问题，但没有形成有效的闭环管理，对事故企业存在的隐患和违法违规行为，没有采取有效的管理手段，对事故负有行政领导主要责任。根据《行政机关公务员处分条例》第二十条之规定，县监察局决定给予霍某同志行政记大过处分，目前已被免职。

9. 邓某中，安岭镇党委书记、人大主席。其在日常安全生产检查和隐患排查、治理工作中抓的不严不实，对事故负有党委重要领导责任。根据《中国共产党纪律处分条例》第一百一十三条的规定，县纪委决定给予邓某中同志党内严重警告处分，目前已被免职。

10. 郑某，县农牧局党组书记、局长。其对工作整体把握不足，行业安全生产监管存在漏洞，对事故负有领导责任。鉴于郑某同志在组织审查期间积极配合，主动说清问题，认错态度诚恳，给予郑某同志诫勉谈话处理。

11. 范某，县工商质监局党组书记、局长。其未正确履行工作职责，对工作整体把握不足，对事故负有领导责任。鉴于范某同志在组织审查期间积极配合，主动说清问题，认错态度诚恳，给予范某同志诫勉谈话处理。

（三）责任企业违法违规事实及处理建议

某生物科技公司违法违规事实：(1)事故企业存在超出营业执照经营范围和登记(许可)范围违法违规生产销售行为，作业场所不具备化工产品安全生产条件。"超出经营范围和登记(许可)范围违法违规"行为，违反了《农药管

理条例》第六条"国家实行农药登记制度：生产(包括原药生产、制剂加工和分装，下同)农药和进口农药，必须进行登记"之规定；违反了《危险化学品经营许可证管理办法》第三条"国家对危险化学品经营实行许可制度：经营危险化学品的企业，应当依照本办法取得危险化学品经营许可证。未取得经营许可证，任何单位和个人不得经营危险化学品"之规定；作业场所不具备化工产品安全生产条件违反了国家行业有关规范标准；超出营业执照经营范围还违反了工商市场管理等法律法规等。(2)事故企业没有落实企业安全生产主体责任。"没有建立、健全本单位安全生产责任制"，违反了《安全生产法》第十八条第一款之规定；"没有建立相应的机制，加强对安全生产责任制落实情况的监督考核，保证安全生产责任制的落实"，违反了《安全生产法》第十九条第二款之规定；没有及时消除隐患，违反了《安全生产法》第十八条第五款之规定等。(3)企业在其生产的水溶肥系列产品中均添加了各种植物生长调节剂和防霉、防病的化学成分，与其送检样品不一致。违反《农业部办公厅关于进一步加强植物生长调节剂管理的通知》(农办〔2011〕61号)文件和肥料管理的有关规定。(4)其他违法违规情况：没有和工人签订《劳动合同》，没有给工人购买工伤保险；在向农业部申请《肥料登记证》时，提供了相关虚假材料，申报设备设施与作业场所设备设施不一致；存在虚假广告宣传行为等。以上违法违规事实违反了《劳动法》和工商管理等有关法律法规。

鉴于以上事实，事故调查组认为：该公司存在超营业执照经营范围和登记(许可)范围违法违规生产销售行为，没有落实企业安全生产主体责任、作业场所不具备安全生产条件等违法违规事实。该公司未依法履行企业安全生产主体责任，对事故的发生负有直接责任。建议：(1)由县安监局依据《安全生产法》第一百零九条第一款之规定，对其予以行政处罚49万元。(2)由县农牧局依照相关规定报请县人民政府依法对其予以关闭，并拆除生产设施。

六、防范建议

1. 加强肥料登记和质量安全管理。县肥料生产企业应按照《安全生产法》和《肥料登记管理办法》的规定，建立健全安全生产责任制，设立安全生产管理机构或者配置安全生产管理人员，建立健全安全生产管理制度和岗位操作规程，配齐必要的安全生产防护装置装备。强化安全生产管理和教育，提高员工的安全生产防范意识，严防事故发生。

2. 认真开展安全生产大检查工作，针对性开展"肥料农药企业安全生产专项整治""粉尘防爆专项整治""危险化学品综合治理"等工作。一是各行业主管部门要加强源头管理，进一步排查肥料农药、粉尘涉爆、危险化学品企业底数，做到一企一档；认真排查安全隐患，重点检查企业在厂房仓库、防尘防火防水管理制度和泄爆装置、防静电措施等方面存在的隐患和问题，对类似河南珍瑞生物科技有限公司生产工艺，未安装泄爆装置的企业要逐一进行排查，采取停产整顿措施，安全技术改造前不得复产。二是工商部门应对辖区企业进行有效监管，禁止超经营范围违法违规生产，取缔"非法生产"企业。三是各行业监管部门要严格执法，督促企业落实安全生产主体责任，严查冒险生产、违法违规作业行为，取缔各类"三合一"家庭作坊，确保企业做到安全责任到位、安全投入到位、安全培训到位、安全管理到位、应急救援到位。

3. 认真落实安全生产监管责任。县政府要深刻吸取事故教训，强化安全红线意识和责任意识。一是责成安岭镇政府与相关行业主管和监管部门建立常态的监管机制、理顺关系、明确职责，落实管理责任；同时责成安岭镇政府给安监站增加人员，满足监管任务的需要。二是责成相关行业主管和监管部门建立联合检查和执法机制，制定安全生产检查执法计划。切实落实"政府统一领导、部门依法监管、企业全面负责、群众积极参与"的安全生产工作机制和政府牵头、部门参与的安全生产联席会议制度。三是组织"乡镇和安委会成员单位安全生产管理工作人员专题培训班"，加强业务知识培训和指导，解决"不作为、不会为、不敢为"问题。严格落实"党政同责、一岗双责、齐抓共管、失职追责"和"管行业必须管安全，管业务必须管安全，管生产经营必须管安全"的总体要求，督促乡镇政府和各部门在各自职责范围内依法做好安全生产工作。

4. 加强对消防安全工作的监督和指导。县公安消防部门要依法履行消防安全监督检查职责，加强对公安派出所和乡镇（街道办事处）消防监督检查工作的指导，加强对民警和乡镇消防安全人员消防业务知识培训和指导，积极推进基层消防监督执法工作。派出所要加强对村（居）委员会、辖区企业落实消防安全措施，开展日常消防监督检查工作的监督和指导，及时消除消防安全隐患。

案例30　天津市滨海新区某化工股份公司"6·19"爆炸事故❶

2016 年 6 月 19 日，天津市滨海新区某化工股份公司（以下简称某化工公司）DZ 造粒车间发生一起隐瞒不报的粉尘爆炸事故，造成 1 人死亡，2 人受伤，直接经济损失 292 万元。

---

❶ 来源：慧聪网。

一、事故单位概况

（一）事故单位情况

某化工公司经营范围：防老剂 RD、促进剂：CZ、DZ、医药中间体 MBT、MBTS、防水油、抗氧化剂 KL、橡胶黏合剂 KTR、增塑剂 A、硫酸钡、碳酸锶及碳酸钡等生产经营。具有工业产品生产许可证、安全生产许可证和危险化学品登记证。

（二）事故涉及的 DZ 产品情况

事故涉及产品为：N-环己基-2-苯噻唑次磺酰胺（又名：促进剂 DCBS、简称 DZ）。化学分子式：$C_{19}H_{26}N_2S_2$；分子量：378.5519（264.4）；相对密度 1.27；成品熔点：不低于 96℃；产品外观与性状：白色或灰白色颗粒，不溶于水。

危险特性：遇明火、高热可燃，研磨时会带电，其粉尘与空气混合物有爆炸危险。

有害燃烧产物：一氧化碳、二氧化碳、氮氧化物、氧化硫。

（三）DZ 造粒生产工艺情况

生产 DZ 的上游原料为苯胺、次氯酸钠、促进剂 M、二环己胺、硫酸、氯化钠、烧碱、异丙醇等化学品，反应产生的 DZ 湿料经过和料机混合均匀后进入造粒机，造成粒状后送入沸腾干燥床（又称：流化床）。流化床外形尺寸为：长 7.5m、宽 0.9m、高 1.5m；材质为不锈钢，在流化床中用鼓风机送热风（热风为经过导热油加热的空气）对粒状的 DZ 湿料进行干燥，干燥后成品装袋。干燥后的热风经引风机送到布袋除尘器除尘后通过烟筒放空。

二、事故发生经过和事故救援情况

（一）事故发生经过

2016 年 6 月 19 日，某化工公司 DZ 车间老造粒白班（丙班）进行正常生产操作，当班作业人员共计 4 人，分别为造粒班组长王甲某、操作工人王乙某、王丙某和孙某某。

当日下午 18 时 10 分左右，王甲某通知班组作业人员停车、降温，准备清理流化床里的 DZ 物料；18 时 36 分 50 秒孙某某进入流化床开始清理床板，王乙某在接料口处打扫卫生；18 时 38 分 03 秒王丙某走到流化床人孔处，手扶着人孔边并低头询问孙某某清理情况；18 时 38 分 08 秒，流化床突然发生粉尘爆炸，王乙某和王丙某分别跑出车间，随后孙某某也从流化床爬出，一边脱衣服，一边跑向车间外，车间其他作业人员及时赶到现场救火；18 时 43 分，现场明火被扑灭。

（二）事故救援及善后情况

事故发生后，该公司立即安排车辆将烧伤的孙某某、王乙某、王丙某送至大港医院进行救治。经初步紧急处理后，又转送至市四医院进行治疗。

2016 年 6 月 25 日，孙某某因伤势严重抢救无效死亡。6 月 26 日，该公司与孙某某家属达成善后赔偿协议，善后工作妥善解决。

（三）事故瞒报及核查情况

事故发生后，某化工公司未按规定向安全生产监管部门报告，并组织人员对事故现场进行了清理，对事故设备进行修复，事故现场遭到破坏。2016 年 7 月 1 日，新区安全监管局接到市安全监管局关于核查某化工公司 6 月 19 日生产安全事故的通知后，立即组织人员到该公司进行核查，该公司否认发生事故并出具了无事故发生的文字材料，后该公司承认发生过事故且隐瞒未报。

三、事故原因

（一）直接原因

流化床清理过程中发生粉尘爆炸。当班员工孙某某在打开人孔进入流化床（有限空间）内清理粘附的 DZ 粉尘粘附物之前，由于生产线停机时间短，流化床及排尘系统内的粉尘云处于极不稳定的状态，同时当班人员也没采取有效的加湿措施使浮尘沉降即开始作业，造成流化床内的粉尘云迅速与空气混合达到爆炸极限，由于长期积累在流化床内壁、管道壁、管道弯头、连接夹缝等阻力面上的粉尘粘附物上聚集着极高的静电荷，当受到外力的作用或敲击时（孙某某使用不锈钢铲子对流化床上附着的 DZ 粉尘粘附物进行人工清理），其稳定的电荷由于位移的作用，瞬间产生正负电荷间放电形成点火源，发生粉尘爆炸。

（二）间接原因

企业安全生产主体责任落实不到位。

1. 流化床内部清理操作规程贯彻落实不到位；该公司虽然制定了流化床清理操作规程，明确了清理作业前的各项程序和清理前的停机静置和加湿除尘等时限要求，但该班组操作人员未严格按照相关规范操作，流化床停机后不到半小时就进入流化床进行清理作业，同时作业前也没有进行加湿除尘。

2. 当班员工违反有限空间作业"先通风、再检测、后作业"，严禁通风、检测不合格作业的规定，进入流化床（有限空间）盲目作业。

3. 该公司对流化床清理作业的安全风险辨识不到位，没有充分认识到粉尘爆炸的危险性，没有为员工配备防爆作业工具。

四、责任认定及责任者处理的建议

(一) 事故责任人员的责任认定及处理建议

1. 王某某，某化工公司法定代表人兼董事长。作为企业的主要负责人，履行安全管理职责不到位。督促、检查本单位的安全生产工作不力，没有及时消除生产安全事故隐患；发生事故后没有及时、如实报告生产安全事故，对该起事故的发生和瞒报负有主要领导责任。其行为违反《安全生产法》第十八条第（五）、（七）项之规定，对事故发生负有主要领导责任。建议新区安全监管局依照《安全生产法》第一百零六条和《生产安全事故罚款处罚暂行规定（试行）》（国家安监总局令 第 77 号）第十三条第（二）项之规定，对其处以2015 年年收入 100% 的处罚。

2. 某化工公司总经理王丁某、副总经理薛某某对该起事故负有重要领导责任，某化工公司天津工厂厂长徐某某作为天津工厂的主要负责人，对该起事故负有直接领导责任，建议某化工公司依据公司规定给予相应处分。

(二) 事故责任单位的责任认定及处理建议

某化工公司安全生产主体责任落实不到位。安全生产教育培训不到位，从业人员没有充分了解和掌握相关化学品的危险性；隐患排查治理不到位，没有及时发现并消除事故隐患；没有教育和督促从业人员严格执行本单位的安全生产规章制度和安全操作规程。其行为违反《安全生产法》第二十五条、第三十八条第一款，第四十一条之规定，建议新区安全监管局依据《安全生产法》第一百零九条第（一）项和《生产安全事故罚款处罚暂行规定（试行）》（国家安监总局令 第 77 号）第十四条第二款之规定，对其处以 50 万元的罚款。

发生事故后存在瞒报行为，其行为违反《安全生产法》第八十条第二款之规定，建议新区安全监管局依据《生产安全事故报告和调查处理条例》第三十六条之规定，对其处以 100 万元罚款。

依据《生产安全事故罚款处罚暂行规定（试行）》（国家安监总局令 第 77 号）第二十条之规定，建议新区安全监管局对其合并罚款 150 万元。

五、防范建议

1. 认真学习《安全生产法》等法律法规，依法依规向有关部门报告生产安全事故，杜绝瞒报、谎报和漏报行为。

2. 对岗位安全生产责任制、安全管理制度、工艺安全操作规程和设备安全操作规程等规章制度要认真梳理，不断修改完善，做到有章可循；对有章不循、违章作业、忽视安全的行为，要加强教育培训和监督检查。

3. 严格落实各级人员安全生产责任制，真正做到"一岗双责"，杜绝"重生产、轻安全"的思想。各主要车间要配备专职安全工程师，加强车间的安全生产管理工作。要将安全生产标准化二级标准要求分解到每个部门、每个岗位，真正落到实处。

4. 针对工作收尾阶段，打扫和清理设备过程中有章不循、违章操作导致事故发生的情况，要对作业现场进行新一轮作业条件危险性分析，查找危险有害因素，制定安全防范措施，加强隐患排查治理并形成闭环，彻底消除安全隐患。

5. 不断提升生产设备和工艺自动化水平，改进流化床清理工艺，减少作业人员暴露在危险环境的时间和频次；在除尘或滤尘设备和管道中设置防爆膜或泄压阀；经常清除管道和捕集袋内的粉尘，不得有粉尘堆积；整体停车后要加强引风变频调速，削减流化床内粉尘云聚集，电器设备采用防爆、抑爆装置，车间的地面采取防静电措施处理，保障本质安全。

案例31　安徽省安庆市某油品有限公司"4·2"爆燃事故❶

2017年4月2日，安徽省安庆市某油品有限公司(以下简称某油品公司)厂区内发生一起较大爆燃事故，事故共造成5人死亡、3人受伤，直接经济损失786.6万元。

一、事故单位概况

(一)事故企业基本情况

1. 某油品公司经营范围：工业用植物油、溶剂油、农药、化肥、化工产品及原辅材料、国家允许的相关化工中间体研制和销售(不含危险化学品)；化工专业技术研发、转让及其他咨询服务(以上经营范围均不涉及前置许可的项目)。

某油品公司首任法定代表人蒋某芳，2004年6月设立时企业主要从事工业和车辆用润滑油的制造、销售(不含危险品)。之后，该公司法定代表人多次变更，2006年8月2日变更为万某，2013年3月5日变更为吴某琼，2014年5月12日变更为刘某(至此经营范围变为现营业执照载明的范围)，2015年

---

❶ 来源：安徽省应急管理厅官方网站。

9 月 17 日变更为张某江。

2. 江苏泰兴某化工有限公司(以下简称某化工公司)经营范围:化工产品生产(3,5-二硝基苯甲酸)。

(二)事发场所布置情况

事故发生在某油品公司北厂房(见图 10-1)。该厂房东北角被改造为烘干粉碎分装车间(事故发生地),该车间房顶为两层,上层为厂房原轻质彩钢泄压吊顶,下层为改造时增装的塑料扣板吊顶。该车间呈东西向三间并排布置,相互连通,对外只有一个出入口。车间东第一间设 2 台烘箱(热源为园区蒸汽,下同)和 1 台双锥干燥机,北墙有窗户;东第二间设万能粉碎机 1 台,烘箱 1 台,北墙窗户被室内加装的烘箱和室外加砌的砖混烘房挡住;东第三间设烘箱 1 台、万能粉碎机 1 台,放置叉车 1 辆,北墙有唯一对外出口;第二间与第三间之间设一个二道卷闸门(常开),事故发生时,靠近卷闸门堆放大量待粉碎和已粉碎的物料约 2t。车间西侧为厂房南北向过道,过道西面为化工原料库,存放大量茶碱、固体氢氧化钠、酒精、花生油、罂粟油、氯化亚砜、亚硝酸钠、二羟基氯丙醇等物料。

(三)天气情况

根据安庆市气象局监测,4 月 2 日,安庆城区为晴到多云天气,无降水。城区最低气温 12.8℃,最高气温 23.6℃,其中 17 时整点气温 23.2℃,18 时整点气温 21.9℃,17~18 时平均气温 22.4℃。最大风速 5.4m/s,风力 3 级,风向东南风,出现在 12 时 12 分;极大风速 7.5m/s,风力 4 级,风向偏南风,出现在 12 时 55 分和 13 时 22 分。其中,17~18 时最大风速 3.8m/s,风力 3 级,极大风速 4.8m/s,风力 3 级,风向为东南或偏南风。

二、事故发生经过和事故救援情况

(一)事故发生经过

某化工公司租赁某油品公司厂房、设备从事化工品生产。4 月 2 日 13 时许,某化工公司安庆负责人潘桂盛组织 8 名工人,开始在烘干粉碎分装车间的东第二间粉碎分装一黑色物料。17 时许,在重新启动粉碎机时,粉碎机下部突发爆燃,瞬间引燃操作面(车间东第二间、第三间)物料。2 名操作工从车间东第一间北侧窗户逃生(1 人左跟骨粉碎性骨折,1 人严重烧伤),潘某盛与 1 名操作工从东第三间北侧门口逃生;其余 5 人未能逃生(见图 10-2)。之后,火势迅速蔓延,引燃化工原料库物料,造成事故车间所在厂房严重损毁(见图 10-3)。

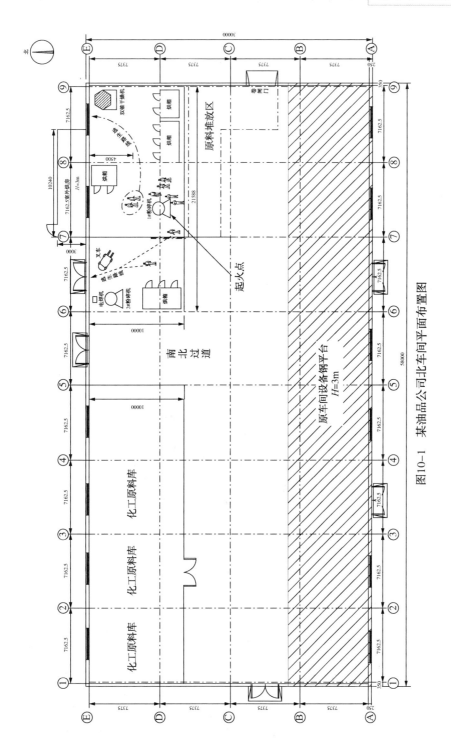

图10-1　某油品公司北车间平面布置图

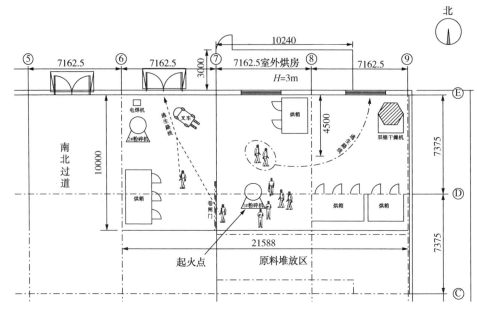

图 10-2　事故发生区域及人员逃生路线示意图

图 10-3　事故现场照片

（二）事故应急救援情况

1. 事故企业应急处置情况。某油品公司自 2016 年 10 月将厂房出租给某化工公司后，基本无人上班，也无应急人员。某化工公司在安庆的生产组织未制定事故应急救援预案，8 名一线作业人员全部集中在事发车间，无力实施救援。

2. 事故应急救援及善后处理情况。事故发生后，国家安监总局迅速派人赶赴事故现场，省安监局主要负责人率有关人员立即赶赴事故现场，指导事故救援和应急处置工作。安庆市政府主要负责人立即赶赴事故现场，成立事故现场指挥部和专家指导组，积极组织力量开展应急救援，调集市区所有消防中队及安庆石化专职消防队 33 辆消防车、151 名官兵和专职消防队员，出动 350 名公安干警和安监、环保、医疗等部门人员，截至当日 20 时 10 分，现场明火被全部扑灭。

4 月 3 日 1 时 55 分，遇难者遗体全部找到并送往安庆殡仪馆。4 月 6 日晚，5 名遇难者家属与企业委托人达成赔偿协议。4 月 7 日，完成遗物认领工作，遗体在安庆市殡仪馆火化，家属情绪稳定并于 7 日陆续返回。同时，对 3 名伤者积极进行治疗，1 名轻伤者于事发第二天出院，另 2 名伤者伤情稳定，进行恢复性治疗。

三、事故原因

该起事故的直接原因是：粉碎、收集、分装作业现场不具备安全生产条件，无除尘设施，导致可燃性粉尘积聚，使用不防爆电器产生电火花，引发可燃性粉尘爆燃。同时，由于车间布置不合规，生产组织安排不合理，无应急处置能力，导致事故扩大。

（一）爆燃物质的认定

经事故调查组分析和司法机关侦查，认定事故发生时粉碎的黑色物料为含活性炭杂质的二羟基丙基茶碱。

（二）爆燃原因分析

1. 有关因素排除情况。

（1）排除人为因素。通过事故现场勘察、调查问询及分析查证，可以排除人为破坏导致爆燃事故的可能。

（2）排除酒精蒸汽遇点火源爆燃情况。除某化工公司安庆负责人潘某盛（非直接作业人员）供述"事故物料为含 25% 酒精的二羟基丙基茶碱"外，其他幸存者均供述，引发爆燃的物料为干燥物料，不含大量酒精，且粉碎时产生大量粉尘，作业人员需戴口罩防护。

（3）排除点火源情况。一是排除点火源为现场人为明火。二是排除粉碎机电机以及其倒顺开关以外其他电器火花。现场电器，除粉碎机的电机以及其倒顺开关不防爆外，其他电器（如配电盒、灯具等）均为防爆型，并且爆燃点在粉碎机下部，该位置只设有粉碎机的电机以及其倒顺开关两个电器。

2. 发生爆燃原因分析。事故当天，长时间进行二羟基丙基茶碱粉碎作业，因现场无除尘设施，粉碎产生的粉尘穿过出料口布袋释放在粉碎机周围，形成粉尘爆炸环境，至 17 时许，在作业人员停机休整一段时间后，重新启动粉碎机倒顺开关(位于粉碎机体侧，距地面约 30cm 高处)时，产生的电火花迅速引发粉尘爆燃，瞬间引燃现场大量堆积的物料。

（三）遇难者未能逃生的原因分析

1. 事故车间只有一个出口，事发时车间二道门出口被堆放的大量易燃物料阻挡，并被火焰封堵，造成二道门内人员无法从二道门快速逃生。

2. 事故车间东第二间北侧窗户被堵，人员只能从相邻的东第一间的窗户逃生，错过了逃生时机。

3. 事故车间面积狭小、人员较多。某化工公司平时粉碎分装作业安排 4 人，事发时突击组织生产，现场作业人数增加到 8 人。

4. 企业应急管理全方位缺失。事故发生后，企业完全不具备自救条件，无任何紧急处置措施。

四、事故企业有关情况

（一）有关审批、备案、许可情况

某油品公司自 2013 年转型化工行业后，有关审批、备案、许可情况如下：

1. 2013 年 9 月 1 日，经济开发区管委会经济发展局同意某油品公司开展前期工作。

2. 2013 年 12 月 12 日，市经济和信息化委员会同意期开展前期工作，待条件成熟后按照安徽省技术改造项目备案办法和农药产业政策的规定办理项目备案手续。有效期一年。

3. 2013 年 12 月 13 日，市环保局同意该项目通过环评。

4. 2014 年 1 月 22 日，市安监局同意该项目通过安全条件审查，有效期两年。

5. 2014 年 6 月 16 日，经济开发区管委会经济发展局同意其开展前期工作。

6. 2014 年 6 月 18 日，区人民政府向市安监局出具《关于同意某油品公司建设项目方案调整的函》，同意某油品公司 100t 唑虫酰胺、300t 烟嘧磺隆农药原药建设项目调整方案(取消唑虫酰胺和烟嘧磺隆两个产品，调整为年产 330t 精细化工产品项目)。

7. 2014 年 8 月 22 日，市环保局出具了《关于某油品公司年产 100t 唑虫酰胺、300t 烟嘧磺隆农药原药建设项目变更可行性论证报告审查意见的函》，同意《论证报告》。

8. 2014 年 9 月 9 日，市安监局出具了《危险化学品建设项目安全条件审查意见书》，同意"某油品公司年产 330t 精细化工产品项目"通过安全条件审查，有效期两年。

9. 2014 年 11 月，市经济和信息化委同意给予某油品公司"年产 330t 精细化工产品项目"备案。

之后，某油品公司未向市安监局提出"年产 330t 精细化工产品项目"安全设施设计审查申请。市环保局未同意该项目进行试生产。

（二）近年来电、水、蒸汽使用情况

根据调取的某油品公司 2013 年 1 月至 2017 年 3 月期间用电、用水、用汽情况（见表 10-2），尤其是从用电情况看，在连续统计 51 个月的用电情况中，只有 14 个月（其中 2013 年有 6 个月，2015 年有 4 个月，2016 年有 4 个月）用电量为千度数量级，其余月份均为万度数量级，部分月份甚至达十万度数量级。自进入 2016 年 5 月以来，每月用电量均在数万度。同时，从统计情况看，整体上用电量与用水量呈正相关。因此，可以判断某油品公司从未真正停止过建设或生产活动。另外，统计的用汽量中为零的月份有 11 个月，其中，2016 年有 7 个月，这与有关部门对某油品公司采取行政措施的情况基本吻合。

表 10-2 某油品公司近年电、水、蒸汽使用情况

时间	电量/(kW·h)	水量/t	蒸汽量/t	时间	电量/(kW·h)	水量/t	蒸汽量/t
2013 年							
1 月	1835	87	175	7 月	53400	117	48
2 月	2048	70	77	8 月	45000	300	0
3 月	1409	119	171	9 月	4800	275	118
4 月	3145	143	196	10 月	27000	290	240
5 月	3327	124	119	11 月	52800	240	201
6 月	16240	147	135	12 月	51000	172	141
2014 年							
1 月	29400	146	209	4 月	76200	263	592
2 月	53400	86	158	5 月	101400	238	272
3 月	38400	184	465	6 月	105000	220	13

续表

时间	电量/(kW·h)	水量/t	蒸汽量/t	时间	电量/(kW·h)	水量/t	蒸汽量/t
7 月	21600	234	58	10 月	72198	380	99
8 月	27156	284	144	11 月	20406	328	267
9 月	95460	280	181	12 月	104118	230	269
2015 年							
1 月	85494	164	54	7 月	1386	212	22
2 月	16380	185	0	8 月	2046	322	32
3 月	1188	136	52	9 月	5916	274	0
4 月	48210	186	57	10 月		251	81
5 月	121194	305	179	11 月	38940	244	100
6 月	30090	278	104	12 月	22116	116	0
2016 年							
1 月	2406	140	0	7 月	75798	236	39
2 月	6726	207	0	8 月	32190	248	0
3 月	1704	484	0	9 月		167	0
4 月	2142	418	17	10 月	41298	288	0
5 月	47088	447	38	11 月	33816	177	0
6 月	36498	188	41	12 月	32334	0	42
2017 年							
1 月	34110	176	27				
2 月	28470	195	31				
3 月	23622	111	81				

（三）有关租赁及生产产品情况

2016 年 10 月 8 日，某油品公司与某化工公司签订厂房、设备租赁协议，之后，某油品公司一直有意隐瞒出租行为，并帮助某化工公司在未履行项目立项和任何行政审批手续的情况下，对原有生产设备设施进行改造，主要从事二羟基丙基茶碱和 UV234（抗紫外线吸收剂）生产，其中二羟基丙基茶碱为医药中间体，UV234 为用于塑料加工的光稳定剂，均不属于危险化学品。

五、责任认定及责任者处理的建议

该起事故是一起企业无视法律法规、无视安全风险、无视员工生命安全，非法出租、非法建设、非法生产，长期有意隐瞒非法生产经营行为，冒险突击组织生产；属地党委、政府及其有关部门和单位未认真履行监管职责，园区蒸汽管理混乱，监督检查流于形式，隐患排查整改不彻底，而造成的一起较大事故。

（一）事故企业

某油品公司、某化工公司是事故主体责任单位，张某保、潘某、潘某盛等人实际主导和操控，决策、组织、参与了某油品公司和某化工公司的非法出租、非法建设、非法生产活动。

1. 某油品公司存在非法建设、非法生产以及违法将生产场所、设备出租给不具备安全生产条件的某化工公司，并为某化工公司非法建设、非法生产提供帮助和保护等问题。某油品公司年产 100t 唑虫酰胺、300t 烟嘧磺隆农药原药建设项目未经安全设施设计审查和竣工验收，擅自建设、擅自生产。2016 年 10 月 8 日，某油品公司将生产场所、设备出租给某化工公司后，不仅未主动向政府有关部门报备，且有意隐瞒，在未履行项目立项和任何行政审批的情况下，为某化工公司对原有生产设施、设备进行改造提供帮助，非法从事化工品生产。

2. 某化工公司存在租赁场所、设备从事非法建设、非法生产问题。某化工公司与某油品公司签署租赁协议后，在未履行项目立项、任何行政审批和正规设计的情况下，对租赁的生产设施、设备进行改造，非法从事医药中间体及化工品生产。另外，组织生产前未对生产工艺、生产装置、生产原料进行危险性分析；未制定安全技术操作规程；未对作业人员进行安全知识培训教育；未制定事故应急救援预案；事故车间未设检测报警设施，使用非防爆电器，车间只有一个出入口，作业现场堆放大量物料，疏散通道不畅，且冒险超员突击组织生产，安全管理极其混乱。

（二）有关地方政府及部门存在的主要问题

1. 经济开发区管委会经济发展局主要存在以下问题。一是未依法履行安全生产监督检查职责。2013 年以来，多次到某油品公司进行安全检查(有文字记录的有两次)，检查情况反映出该公司存在非法建设、非法生产问题，但既未向上级有关部门报告，也未指出该公司存在非法建设、非法生产问题，更未采取有效处理措施。二是对园区蒸汽管理失职，违规指令向某油品公司恢复蒸汽供应。经济发展局负责园区蒸汽的行政管理，安徽汇盛自控工程有限公司(负责园区蒸汽维保业务)按照经济发展局的指令执行供汽或停汽，但指令的发出和执行均无文字记录。2017年2月17日，经济开发区环保局对某油品公司进行检查后，要求开发区管委会彻底关闭某油品公司的蒸汽阀门，2月18日，管委会停止向某油品公司供应蒸汽，3月11日，经济发展局擅自同意向某油品公司恢复蒸汽供应，后在3月13日管委会召开的"一办三局"会议上提出向万华恢复蒸汽供应的议题。

2. 经济开发区管委会建设局未严格履行环保监督检查职责。2012年4月18日，经济开发区管委会主任办公会议确定，由建设局负责开发区的环保工作。2017年3月22日，建设局派2名工作人员会同经济开发区环保局和专家对某油品公司进行环保检查，对检查发现的非法生产问题，直至事故发生，未做有效处理。

3. 经济开发区管委会贯彻落实有关安全生产和环境保护政策规定不力，对园区蒸汽管理混乱问题严重失察。开发区管委会为大观区政府派出机构，负有安全生产和环境保护工作职责。对某油品公司长期存在非法建设、非法生产问题严重失察。尤其是在2015年6月经济开发区环保局对该公司非法试生产问题进行经济和行政处罚后，开发区管委会仍未引起足够重视，未主动采取有效措施，及时消除事故隐患。

4. 区安监局未依法履行安全生产监管职责，对某油品公司非法建设、非法生产问题严重失察，对查明的安全隐患线索未依法进行处理。区安监局承担全区安全生产综合监督管理职责，依法指导协调、监督检查大观经济开发区安全生产工作。2016年5月30日，对某油品公司进行现场执法检查，对理应发现的非法建设问题未能发现。2017年2月21日，对2月17日经济开发区环保局移送的某油品公司安全隐患线索进行了现场检查，并对公司负责人张某保进行了询问，但对某油品公司存在的非法建设、非法生产及储存危险化学品有关问题未依法处理到位。

5. 经济开发区环保局未依法履行环保监督职责，对2017年3月22日检查某油品公司发现的问题未依法及时处理。经济开发区环保局是环保主管部门，某油品公司一直是经济开发区环保局的重点监察对象，仅2016年至少进行过6次现场检查。2017年3月22日，经济开发区环保局会同开发区管委会建设局并邀请专家对某油品公司进行检查，但检查组未对本局2017年2月17日函告开发区管委会彻底关闭某油品公司蒸汽阀门的执行情况进行复查确认；对当日专家现场检查发现的问题，未依法采取有效处理措施，4月1日才决定立案，超过法定立案时限。

6. 大观区委、区政府安全发展理念不牢固，红线意识不强。一是大观区作为省危险化学品安全生产重点县，化工企业集中，安全风险大，园区未设置安全生产管理专门机构，在安全监管力量与实际工作需要不相适应的情况下，安排区安全监管局派人驻点招商。二是未落实"管行业必须管安全、管业务必须管安全、管生产经营必须管安全"要求，对化工行业主管部门的安全管理责任和负有安全监管职责部门的安全监管责任不明确，存在监管盲区。三是组织开展"打非治违"工作不力，安全防线层层失守。

根据事故原因调查和事故责任认定，依据有关法律法规和党纪政纪规定，对事故有关责任人员和责任单位提出处理意见：

（三）司法机关追究刑事责任人员

1. 张某保，某油品公司总经理，实际负责人。2017 年 5 月 10 日，因涉嫌重大劳动安全事故罪，被大观区人民检察院批准逮捕。

2. 潘某，某化工公司法定代表人。2017 年 5 月 10 日，因涉嫌重大劳动安全事故罪，被大观区人民检察院批准逮捕。

（四）建议追究刑事责任人员

1. 张某江，某油品公司法定代表人。对本公司安全生产工作全面负责，对该起事故的发生负有主要管理责任。涉嫌刑事犯罪，建议移送司法机关依法追究刑事责任。

2. 潘某盛，某化工公司安庆现场负责人，非法建设、非法生产的组织者。对该起事故的发生负有直接管理责任。涉嫌刑事犯罪，建议移送司法机关依法追究刑事责任。

3. 母某，某化工公司安庆现场技术负责人，非法建设、非法生产的参与者。在某化工公司未依法履行建设项目"三同时"手续的情况下，为其非法建设、非法生产提供技术支持。对该起事故的发生负有间接责任。涉嫌刑事犯罪，建议移送司法机关依法追究刑事责任。

4. 祝某军，经济开发区管委会经济发展局局长。因涉嫌渎职犯罪，建议移送司法机关依法追究刑事责任。

（五）建议给予党纪、政纪处理人员

1. 戴某，经济开发区管委会建设局局长。未严格履行环保监督职责，对本部门参加环保检查中发现某油品公司非法生产问题未做及时、有效处理，对事故的发生负有主要监督责任。依据《安全生产领域违法违纪行为政纪处分暂行规定》第八条的规定，建议给予行政记过处分。

2. 任某图，大观区安全生产执法监察大队大队长。对经济开发区环保局移送的某油品公司安全隐患问题线索未依法处理到位。对事故的发生负有直接监管责任。鉴于任某图 2016 年 10 月后参加为期一年的驻点招商工作，依据《事业单位工作人员处分暂行规定》第十七条的规定，建议给予降低岗位等级处分。

3. 汪某，区安监局副局长，分管危险化学品安全监管工作。对某油品公司非法建设、非法生产和某化工公司储存危险化学品问题未依法查处，对事故的发生负有分管领导责任。依据《安全生产领域违法违纪行为政纪处分暂行规定》第八条的规定，建议给予行政记过处分。

4. 朱某忠，区安监局党组书记、局长，主持全面工作，分管安全生产执法监察大队。对经济开发区环保局移送的某油品公司安全隐患问题线索组织查处不力，对事故的发生负有主要领导责任。依据《中国共产党纪律处分条例》第一百一十三条和《安全生产领域违法违纪行为政纪处分暂行规定》第八条的规定，建议给予撤销党内职务、行政撤职处分。

5. 吴某德，大观区环境监察大队中队长。2017 年 3 月 22 日对某油品公司检查时，对本局 2 月 17 日函告开发区管委会彻底关闭某油品公司蒸汽阀门的执行情况未进行复查确认，对当日专家现场检查发现的问题未依法处理。对事故的发生负有一定监督责任。依据《事业单位工作人员处分暂行规定》第十七条的规定，建议给予记过处分。

6. 汪某，经济开发区环保局副局长，分管环境监察大队。对 2017 年 3 月 22 日专家现场检查发现的问题未依法处理。对事故的发生负有分管领导责任。依据《安全生产领域违法违纪行为政纪处分暂行规定》第八条的规定，建议给予行政警告处分。

7. 章某万，经济开发区环保局局长。对 2017 年 3 月 22 日专家现场检查发现的问题未督促有关人员依法处理。对事故的发生负有主要领导责任。依据《安全生产领域违法违纪行为政纪处分暂行规定》第八条的规定，建议给予行政警告处分。

8. 程某，2017 年 1 月起任大观区委常委、经济开发区管委会主任。贯彻落实有关安全生产和环境保护政策规定不力，对某油品公司非法建设、非法生产和园区蒸汽管理问题严重失察。对事故的发生负有主要领导责任。依据《安全生产领域违法违纪行为政纪处分暂行规定》第八条的规定，建议给予行政记大过处分。

9. 丁某，大观区人大副主任，2007 年 5 月至 2017 年 1 月期间任经济开发区管委会副主任(后期为常务副主任)。任开发区管委会副主任期间，贯彻落实有关安全生产和环境保护政策规定不力，对某油品公司长期存在非法建设、非法生产问题失察，对事故的发生负有一定领导责任。依据《安全生产领域违法违纪行为政纪处分暂行规定》第八条的规定，建议给予行政警告处分。

10. 张某，2017 年 1 月起任大观区副区长，负责安全生产、环境保护等方面工作。对大观区政府及有关职能部门和开发区管委会未依法履行监督管理职责的问题严重失察，对事故的发生负有分管领导责任。依据《安全生产领域违法违纪行为政纪处分暂行规定》第八条的规定，建议给予行政警告处分。

(六) 建议给予行政处罚的单位

1. 某油品公司，对事故的发生负有责任。根据《安全生产法》第一百零九条第(二)项、《生产安全事故罚款处罚规定(试行)》(国家安监总局令第 13 号)第 15 条第(一)项的规定，对其处以人民币 69 万元的罚款。

2. 某化工公司，对事故的发生负有责任。根据《安全生产法》第一百零九条第(二)项、《生产安全事故罚款处罚规定(试行)》(国家安监总局令 第 13 号)第 15 条第(一)项的规定，对其处以人民币 69 万元的罚款。

(七) 建议给予诫勉谈话或批评教育的人员

1. 潘某发，大观区区长，2016 年 6 月至 2017 年 1 月期间兼任经济开发区管委会主任。对事故的发生负有一定领导责任。建议安庆市政府对潘某发进行诫勉谈话。

2. 王某武，大观区区委书记，2012 年 12 月至 2016 年 5 月期间任大观区区长。对事故的发生负有一定领导责任。建议安庆市委对王某武进行批评教育。

(八) 建议给予行政问责的单位

1. 责成经济开发区管委会经济发展局、建设局向开发区管委会做出深刻的书面检查。

2. 责成经济开发区管委会、区安监局、经济开发区环保局向大观区人民政府做出深刻的书面检查。

3. 责成大观区人民政府向安庆市人民政府做出深刻的书面检查。

以上涉及有关责任单位、责任人员党纪、政纪处分的，由安庆市按照干部职工管理权限落实处分决定，并将处理结果报省监察厅、省安监局备案。对单位和个人罚款的行政处罚，由市安监局实施，并将实施情况报省安监局。

以上追究刑事责任人员属于中共党员或行政监察对象的，待司法机关做出处理后，由当地纪检监察机关或具有管辖权的单位及时给予相应的党纪、政纪处分。

六、防范建议

1. 牢固树立安全发展理念，加强安全生产体制机制建设。牢固树立安全发展理念，坚守安全红线，把安全生产工作摆在更加突出的位置。进一步健全"党政同责、一岗双责、齐抓共管、失职追责"安全生产责任制，确保安全生产主体责任、领导责任、监管责任落实到位。落实"管行业必须管安全、管业务必须管安全、管生产经营必须管安全"要求，明确部门安全监管职责范围，消除监管盲区。加强安全监管力量建设，特别是基层一线安全监管力量建设，强化行政执法职能。抓紧建立并有效运行安全生产"六项"机制，持续组织开展安全生产隐患排查治理和"打非治违"行动，防范生产安全事故。

2. 强化事故警示教育，增强全社会安全生产意识。采取多种形式，充分发挥报纸、电视、网络等媒体的作用，以此次事故和其他典型事故为案例，加强对有关安全生产法律、法规和安全生产知识的宣传，加强对有关人员安全生产业务培训，集中组织开展事故警示教育，增强全社会的安全生产意识。

3. 强化安全生产主体责任，夯实安全生产基础。生产经营单位要严格遵守有关安全生产法律、法规，严格执行建设项目安全设施"三同时"规定，加强安全生产管理，保证具备安全生产条件所必需的资金投入，建立、健全安全生产责任制和安全生产规章制度，落实安全生产风险管控和隐患排查治理双重预防机制，提高从业人员安全意识、安全操作技能和事故应急处置能力，确保安全生产。

4. 加大监管执法力度，依法查处各类非法违法行为。坚决整治监管执法"宽、松、软"和"不会、不愿、不敢、不规范"问题，对执法不严、查处不力的要实行事前问责，对由此引发事故的要严肃追责。持续加大监管执法力度，依法查处各类非法违法行为，切实改变以检查代替执法、以要求代替处罚等现象，以严格执法推动企业主体责任落实。

5. 扎实开展"僵尸企业""停产停业企业"安全排查治理。聚焦"僵尸企业""停产停业企业"开展全覆盖排查，摸清底数，制定方案，分地区分行业领域落实整治任务、措施、时限、资金、责任单位和责任人，同时要建立动态监管长效机制。对不具备安全生产条件或存在重大隐患长期得不到治理的企业，要明确时间节点，坚决关停；对将生产经营项目、场所、设备发包或者出租给不具备安全生产条件或者相应资质的单位或者个人，要严格依法查处；对检查发现的有关问题线索，要追根溯源、一查到底。

6. 加强源头管控，防止化工产业转移带来新风险。统筹规划编制，规范化工产业布局，加强规划实施过程监管。核清化工园区（集中区）边界，明确功能定位，强化安全卫生防护距离和规划环评约束，不符合要求的化工园区（集中区）、化工品储存项目要依法关闭退出。严格安全准入，对涉及"两重点一重大"的危险化学品建设项目实施部门联合审批，危险化学品生产企业搬迁改造及新建化工生产项目必须进入化工园区（集中区），禁止在化工园区（集中区）外新建、扩建危险化学品生产项目，禁止引进国家限制类涉及危险化学品生产的项目。

7. 全面推进危险化学品安全综合治理工作。认真贯彻落实省政府关于危险化学品安全综合治理工作的部署要求，在已有工作的基础上，建立完善督查机制，采取多种方式强化推动，及时研究解决工作中遇到的重点、难点问题。对综合治理任务实行清单管理，研究制定考核验收标准，完成一项、验收一项，确保各项任务落地见效。

案例 32　河南省安阳市安阳县
某铁合金经销处"5·31"雷蒙磨爆炸事故❶

2016 年 5 月 31 日，河南省安阳市安阳县水冶镇某铁合金经销处（以下简称某铁合金经销处）发生一起较大雷蒙磨爆炸事故，造成 4 人死亡、3 人受伤，直接经济损失 454 万元。

一、事故单位概况

（一）企业基本情况

某铁合金经销处为个体工商户，经营者：陈某茹，经营范围为硅粉、铁精粉的销售。土地使用权类型为批准拨用企业用地。

（二）政府部门审批及证照变更情况

2015 年 9 月 18 日，县发展和改革委员会对某铁合金经销处新建的年加工 6000t 冶金辅料项目进行了备案，并出具了《河南省企业投资项目备案确认书》，项目投资额 1200 万元，项目建设起止年限：2015 年 10 月至 2016 年 4 月。

---

❶ 来源：安阳市应急管理局官方网站。

2015 年 12 月 14 日，安阳市环境保护局做出《关于安阳县某铁合金经销处年加工 6000t 冶金辅料项目环境影响报告表的批复意见》。

2016 年 3 月 24 日，陈某茹将某铁合金经销处转让给张某武（南固现村村民）。营业执照变更为：经营者张某武，经营范围为加工销售：冶金耐火材料、销售硅铁、锰铁、铁精粉。

（三）工艺设备及厂房布置

1. 生产工艺

该起事故生产线的工艺为：原料→颚式破碎（粒径小于 60mm）→锤式破碎（粒径小于 20mm）→雷蒙磨粉碎→粉料成品（粒径 0.044～0.125mm）。

雷蒙磨主要靠磨膛内的四个磨辊粉碎物料。物料由磨体中部喂入。磨的底部有环形进风道，原料在风力和铲刀的作用下进入磨膛破碎，经选粉机进入磨顶的风管，进入收料旋风分离器。粉碎的物料经旋风分离器的底部出料口收集。收料旋风分离器的排出气流重新经风机加压后循环进入雷蒙磨的进风口。在风机的出口附近，一部分气流通过支管进入除尘系统除尘后排空。事故雷蒙磨的除尘系统为旋风分离器加简易布袋。

2. 生产设备

主要生产设备：颚式破碎机、锤式破碎机、对辊磨、雷蒙磨、叉车、变压器、除尘设备、注油泵（用于雷蒙磨润滑）等配套设施。雷蒙磨为河南某机器有限公司生产，型号为：4R3216B。机器用途范围为：加工各种非易燃易爆的矿产物料。

3. 厂房布置

事故区域面积为 22.8m×14.6m。涉及本次爆炸事故的作业区域见图 10-4。

二、事故发生经过和事故救援情况

（一）事故发生经过

5 月 30 日 22 时左右，开始加工王某福从张某志处购买的 17t 金属硅物料，张某武提出人手不足，经两人协商，由王某福临时找来王某山、户某红、户某英 3 人帮忙。西侧雷蒙磨加工王某福送来的物料，细度为 200 目；东侧雷蒙磨加工的是碳化硅，细度为 100 目。作业现场由刘某兵带班，并且负责上料、看磨；刘某福、马某霞、郑某荣负责东、西两台雷蒙磨接袋；王某福找来的 3 人负责标袋、搬运、码垛。

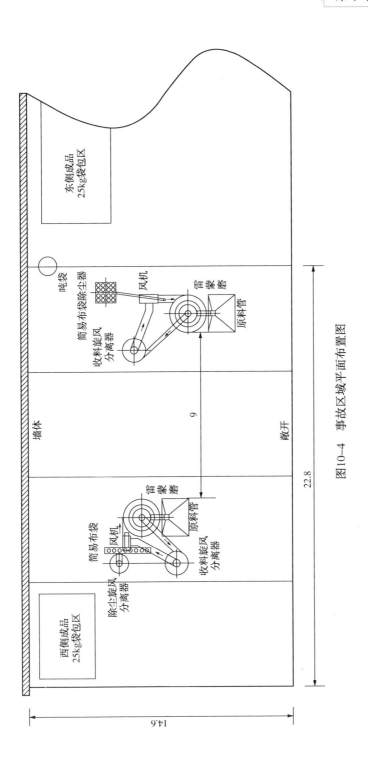

图10-4 事故区域平面布置图

5月31日凌晨3时50分左右，西侧雷蒙磨发生爆炸。据当班机修工张某风描述，他在值班室听见一声炸响，出来后，看见雷蒙磨周围一片烟火，立即拨打了120求救。爆炸发生后，造成厂房彩钢屋顶局部被掀开，西侧雷蒙磨磨膛局部有撕裂，底部的环形进风道及上部的分析机被炸开，机器周围可燃物被引燃。

据专家分析认定，该起事故的爆炸当量估算为10~20kg TNT。

（二）应急处置情况

5月31日凌晨4时，县人民医院接到某铁合金经销处机修工张某风报警电话，迅速派出两辆救护车赶赴现场施救。经现场诊断，发现4人不同程度受伤，3人已无生命体征。随即，医护人员迅速将4名伤者送往安钢总医院抢救，其中1人经抢救无效于5月31日8时10分死亡。

事故发生后，县委县政府以及水冶镇主要领导立即赶赴现场，启动应急预案，在现场召开了紧急会议，成立了指挥部，迅速开展事故救援和善后处理各项工作。

三、事故原因

（一）爆炸点

经现场勘测分析确定事故爆炸点为西侧雷蒙磨磨膛内部。

（二）爆炸物质

现场勘测过程中，对事故雷蒙磨进料口处的残留物以及加工成品进行了取样，分别送往安钢质检处、河南省冶金研究所和东北大学工业爆炸及防护研究所，对加工物料的化学成分、物理结构和爆炸参数进行了化验检测。

安钢质检处化验报告显示，事故发生时正在加工的物料主要成分为硅，含量达到96.1%。化验报告见表10-3。

河南省冶金研究所检测报告显示，事故发生时正在加工的物料为晶体结构，检测报告见附件《检测报告》。

东北大学工业爆炸及防护研究所测试数据显示：事故发生时正在加工的物料（细度200目）引燃温度（MITC）为575~600℃，爆炸下限为180~200g/m³，最小点燃能量为300~1000mJ）。

根据化验检测结果，事故发生时正在加工的物料主要成分为晶体硅，由于硅粉具有较强的还原性，一定条件下可在氧气中燃烧。据此认定该起事故的爆炸物质为硅粉。

表 10-3　物料成分分析数据

安钢钢铁分析报告

委托单位：县水冶镇人民政府

记录编号：B25-28-01

报告编号：2016-8

报告日期：2016-06-03

编号	品名	C%	Si%	Mn%	S%	P%	Al%	Cr%
原料粗	硅铁	3.6	95.5	<0.1	0.01	<0.01	0.1	<0.1
原料细	硅铁	3.3	96.1	<0.1	0.01	<0.01	0.1	<0.1
备注								

审核：周某豪　　　　　　　　　　　　　　　　　　报告人：万某林

（三）点火源

通过人孔观察到雷蒙磨辊的一个螺栓缺失，喂料口除铁器设计存在盲区，且磁力不大。因此重点查找了磨腔内的金属异物。通过拆卸所有观察口，将磨腔内可清理的残余物料清理出来，找到铁质异物见图 10-5。

从图 10-5 可以看出，磨腔内存在大量铁质异物，包括数枚螺栓及螺栓残骸、钢条和完全挤压变形的不明铁质物体。

现有信息表明，点火源为进入磨腔的铁质异物或磨腔内掉落的螺栓撞击或摩擦产生的火花。

图 10-5　磨腔内铁质异物

（四）直接原因

某铁合金经销处在生产加工过程中，雷蒙磨超出用途范围，加工硅粉，致使雷蒙磨磨腔内的硅粉（细度 200 目）与空气混合，达到爆炸浓度，遇磨腔内铁质异物撞击摩擦产生的火花，引发了爆炸。

（五）间接原因

1. 某铁合金经销处安全生产主体责任落实不到位，违法违规组织生产，企业管理制度不完善，操作规程不规范，安排未经岗前培训人员违规作业，特种设备(4t叉车)操作人员无证上岗。

2. 村两委落实县政府开展的"双打双治"工作不力，对该公司违法生产行为排查不到位。

3. 镇政府落实属地管理责任不力，对企业违法生产行为和安全隐患排查不到位。

4. 市环保局对环评申报材料把关不严，在资料不全、手续不规范的情况下，对该公司《建设项目环评影响报告》进行审批。

5. 县环保局查处环境违法行为不力，对该公司未按相关规定落实环保建设项目"三同时"，环保设施未安装到位的情况下的违法生产行为失察失管。

6. 县工商质监局对企业违规使用特种设备监管不力，对企业特种设备未定期检验和操作人员未持证上岗问题查处不到位。

7. 县国土局对企业申请建设用地手续审查把关不严，在手续不规范的情况下，为企业申请批报建设用地，办理土地批复手续时未按规定批复土地用途。

8. 县安监部门履行综合监督管理职责不到位。在水冶镇"双打双治"活动中，指导、协调各部门、各排查组隐患排查工作不力，工业企业组对已排查出的隐患未能及时督促整改到位。

四、责任认定及责任者处理的建议

(一)司法机关已采取措施人员

1. 张某武，企业法人。在企业未按相关规定落实环保建设项目"三同时"的情况下，指使王某福带领非本厂工作人员擅自进行加工作业，未经岗前安全教育培训，超出雷蒙磨用途范围违法组织加工金属硅物料，造成较大伤亡事故，对事故负有直接责任。当地公安机关以涉嫌重大责任事故罪对其实施刑事拘留。

2. 王某福，金属硅物料委托加工人。与张某武私自达成协议，违规组织王某山等3人在未经岗前安全教育培训的情况下上岗作业，超出雷蒙磨使用范围加工金属硅物料，造成较大伤亡事故，对事故负有直接责任。当地公安机关以涉嫌重大责任事故罪对其实施刑事拘留。

3. 刘某祥，水冶镇副镇长，分管安全生产、环保工作。落实镇企业安全生产监管责任和环保属地监管责任不力，未及时查处某铁合金经销处违法生产存在的安全隐患和环境违法行为，未能预防和制止事故的发生，对事故发生负有直接领导责任。当地检察院已于 6 月 23 日以涉嫌玩忽职守罪予以逮捕。

4. 陈某星，县工信局副主任科员、水冶镇工业企业组组长。在县"双打双治"期间，工作不力、履职不到位，对某铁合金经销处违法生产安全隐患排查不力，对排查出的特种设备未检验、操作人员无证上岗等安全隐患处置不到位，对事故发生负有直接领导责任。当地检察院已于 6 月 23 日以涉嫌玩忽职守罪予以逮捕。

（二）党纪、政纪处分建议

1. 刘某付，水冶镇南固现村党支部书记。其落实县政府开展的"双打双治"工作不力，未尽到安全隐患排查、上报职责，对事故发生负有责任，建议给予党内严重警告处分。

2. 张某新，水冶镇南固现村委会主任。落实县政府开展的"双打双治"工作不力，未尽到安全隐患排查、上报职责，对事故发生负有责任，建议所在党组织对其延长党员预备期一年。

3. 刘某雷，水冶镇南固现村支部委员，分管安全生产、工业企业。未尽到安全隐患排查、上报职责，对事故发生负有责任，建议给予党内严重警告处分。

4. 朱某红，水冶镇松涛社区服务站工作人员（劳务派遣人员）。在其担任南固现村包村干部期间，未尽到安全隐患排查、上报职责，对事故发生负有责任，建议给予党内严重警告处分。

5. 张某成，水冶镇松涛社区服务站第一书记。未认真履行领导职责，组织开展辖区内企业属地管理工作不力，未及时查处某铁合金经销处存在的违法生产行为，对事故发生负有主要领导责任，建议给予行政记过处分。

6. 张某川，水冶镇人大主席，分包松涛社区服务站、分包南固现村。未认真履行领导职责，领导督促开展辖区内企业属地管理工作不力，组织开展分包村内企业属地管理工作不力，未及时查处某铁合金经销处存在的违法生产行为，对事故发生负有重要领导责任，建议给予行政警告处分。

7. 申某兵，水冶镇金融监管科工作人员（劳务派遣人员）。在其担任镇政府安监科负责人期间，落实镇企业安全生产监管责任不力，未及时查处某铁合金经销处违法生产存在的安全隐患，未能预防和制止事故的发生，对事故发生负有责任，建议镇政府给予辞退。

8. 申某红，水冶镇副镇长，2016 年 5 月 15 日开始分管安全生产、环保工作。落实镇企业安全生产监管责任和环保监管责任不力，未及时查处某铁合金经销处非法生产存在的安全隐患和环境违法行为，未能预防和制止事故的发生，对事故发生负有主要领导责任，建议给予行政警告处分。

9. 卜某军，水冶镇副书记、镇长。安排指导履行安全生产监督管理和企业属地管理职责不到位，未能有效预防和制止事故的发生，对事故发生负有领导责任，建议对其诚勉谈话。

10. 李某兵，县环保局环境监察大队水冶中队副队长。未正确履行职责，对某铁合金经销处未落实建设项目环保"三同时"查处不到位，未及时查处该公司在环保设备没有安装到位的情况下的违法生产行为，对事故负有直接责任，建议给予行政记大过处分。

11. 梁某勇，县环保局环境监察大队水冶中队党支部书记，在主持县环保局环境监察大队水冶中队工作中未正确履行职责，查处环境违法行为不力，对某铁合金经销处未落实建设项目环保"三同时"，环保设备没有安装到位的情况下的违法生产行为查处不到位，对事故负有直接领导责任，建议给予行政记过处分。

12. 刘某红，县环保局党组成员、纪检组长。在其担任县环保局党组成员，联系水冶环保中队期间，督促、指导水冶环保中队查处环境违法行为不力，对某铁合金经销处未落实建设项目环保"三同时"，环保设备没有安装到位的情况下的违法生产行为查处不到位，对事故负有重要领导责任，建议给予行政警告处分。

13. 王某，河南安某环保科技有限公司总工。在市环保局审批服务科工作期间，未正确履行职责，对申报材料把关不严，在申报项目资料不全，手续不规范等情况下，对某铁合金经销处《建设项目环评影响报告》进行审批，对此负有直接责任，建议给予党内警告处分。

14. 杨某轩，市环保局审批服务科科长。在对该项目进行环境影响评价审批工作中，未正确履行职责，没有对申报材料严格把关，在申报项目资料不全、手续不规范等情况下，对某铁合金经销处《建设项目环评影响报告》进行审批，对此负有主要领导责任，建议给予行政警告处分。

15. 李某，市环保局副局长，分管审批服务科、环境影响评价科工作。在对该项目进行环境影响评价审批工作中，未正确履行职责，没有对申报材料严格把关，在申报项目资料不全，手续不规范等情况下，对某铁合金经销处

《建设项目环评影响报告》进行审批，对此负有重要领导责任，建议对其诫勉谈话。

16. 王某海，县工商质监局水冶分局副局长。对辖区企业违规使用特种设备监管不力，对某铁合金经销处特种设备未定期检验和操作人员未持证上岗问题检查不到位，对此负有直接责任，建议对其诫勉谈话，并在系统内通报。

17. 连某常，县曲沟镇国土资源所所长。对某铁合金经销处申报企业建设用地申请手续审查不严，在手续不规范的情况下申请报批，对此负有直接责任，建议给予行政警告处分。

18. 张某玲，县国土资源局利用股股长。在其任县国土资源局用地股副股长期间，起草、审核企业用地报批手续不严，导致《关于安阳县某铁合金经销处建设用地的批复》中缺少用地用途事项，对此负有直接责任，建议给予诫勉谈话。

19. 孙某岭，县国土资源局副主任科员、班子成员。在任县国土资源局副主任科员、用地股股长期间，审核、把关企业用地报批手续不力，导致给某铁合金经销处批复的建设用地中缺少用地用途事项，对此负有主要领导责任，建议给予诫勉谈话。

20. 牛某明，县安监局工作人员、县"双打双治"驻西南部战区工作人员、水冶镇工业企业组组长。在县"双打双治"期间工作不力、履职不到位，未及时查处某铁合金经销处的违法生产经营行为，对事故负有主要领导责任，建议给予行政警告处分。

21. 王某，县安监局纪检组长、驻西南部战区临时负责人。在县"双打双治"期间，工作不力、履职不到位，未及时查处某铁合金经销处的违法生产经营行为，对事故发生负有重要领导责任，建议给予诫勉谈话。

对涉嫌犯罪人员，待司法机关做出处理后，属中共党员或行政监察对象的，由当地纪检监察机关或负有管辖权的单位及时给予相应的党纪政纪处分。

（三）行政处罚及其他建议

1. 某铁合金经销处，未严格执行相关部门的法律法规，主体责任履行不到位，造成较大伤亡事故，建议县人民政府责成县安监局依法依规予以行政处罚。

2. 县委、县人民政府，某铁合金经销处"5·31"雷蒙磨爆炸事故的发生给人民生命财产造成了较大损失，在社会上造成了不良影响，责成县人民政府对水冶镇党委、政府在全县范围内予以通报批评。县委、县政府向市委、市政府做出深刻检查。

五、防范建议

1. 深刻吸取事故教训，严格遵守相关法律法规，认真落实企业主体责任，建立健全各类规章制度和操作规程，强化企业负责人、安全管理人员以及其他从业人员的安全教育培训，不断提高安全意识，切实加大安全生产投入，强化隐患排查治理，严格依法依规生产经营。

2. 严密监控本辖区内各类非法违法生产经营建设行为，发现辖区内相关非法违法生产经营建设行为，要及时报告并立即制止，积极配合上级人民政府及有关部门严厉查处打击非法违法生产经营建设行为。

3. 相关部门要牢固树立红线意识，把保护职工的生命安全与健康放在首位，加强自律，严格工作作风，熟练掌握业务技能。要深入开展安全生产法律法规宣传教育活动，提高企业的法律意识和安全意识，督促企业落实主体责任。要充分依靠政府及相关部门，采取联合执法与专项执法、日常巡查与定期检查相结合的方式，严厉打击非法违法行为。要克服被动执法、没有举报不执法的思想，加大对金属硅物料加工等行业企业检查巡查力度，及时发现并查处金属硅物料加工等行业企业安全领域的非法违法问题。

4. 深刻吸取事故教训，举一反三，强化对金属硅物料加工等企业违法违规行为的打击力度；要严格落实属地管理责任，加强对金属硅物料加工等小微企业的监管力度，使辖区内金属硅物料加工等小微企业始终处在政府的监管之中；要加大对基层部门工作人员的管理、培训力度，提高工作人员的综合素质，使基层工作人员严格自律，熟练掌握和运用相关法律法规，做到依法依规监管。要结合当地企业特点，深入开展"打非治违"专项治理行动，严厉打击非法违法生产经营行为。

5. 加强宣传教育，使群众充分意识到违法违规生产的危害性，增强法律意识和安全意识。同时，建立完善举报激励机制，对群众举报、投诉各类非法违法行为的，一经落实，给予适当奖励，不断扩大社会监督层面，加大打击违法违规生产经营行为的力度。

参 考 文 献

[1] 陈璇. 爆炸[N/OL]. 中国青年报, 2014-08-13[2022-01-12]. http://zqb.cyol.com/html/2014-08/13/nw.D110000zgqnb_20140813_1-12.htm.

[2] 沈克俭. 烈火丹心：我亲历的哈尔滨亚麻纺织厂粉尘爆炸事故[M]. 北京：中国纺织出版社, 2015.

[3] J·克罗斯, D·法勒. 粉尘爆炸[M]. 项云林, 译. 北京：化学工业出版社, 1993.

[4] 粉尘爆炸惨剧为何一而再发生[N/OL]. 新京报, 2014-08-03[2022-01-12]. http://epaper.bjnews.com.cn/html/2014-08/03/content_527374.htm? div=-1.

[5] 国内外粉尘事故概况[N/OL]. 人民日报, 2014-09-02[2022-01-12]. http://world.people.com.cn/n/2014/0902/c1002-25586007.html.

[6] 应急管理部办公厅. 关于2018年工贸行业粉尘防爆专项整治工作情况的通报：应急厅函[2019]91号[EB/OL], (2019-02-11)[2022-01-12]. https://www.mem.gov.cn/gk/tzgg/tb/201902/t20190211_230636.shtml.